THE SAFE OPERATION AND ACCIDENT ANALYSIS OF AERIAL WORK MACHINERY FOR CONSTRUCTION

建筑施工高处作业机械安全使用与事故分析

张 华 主编

中国建筑工业出版社

图书在版编目(CIP)数据

建筑施工高处作业机械安全使用与事故分析/张华主编. —北京：中国建筑工业出版社，2011.8

ISBN 978-7-112-13217-1

Ⅰ.①建… Ⅱ.①张… Ⅲ.①高空作业—建筑机械—安全技术②高空作业—建筑机械—事故分析 Ⅳ.①TU6

中国版本图书馆CIP数据核字(2011)第086399号

责任编辑：李 阳
责任设计：张 虹
责任校对：陈晶晶 关 健

建筑施工高处作业机械安全使用与事故分析
张 华 主编
*
中国建筑工业出版社出版、发行(北京西郊百万庄)
各地新华书店、建筑书店经销
北京天成排版公司制版
北京富生印刷厂印刷
*
开本：787×1092毫米 1/16 印张：12 字数：286千字
2011年7月第一版 2011年7月第一次印刷
定价：**29.00**元
ISBN 978-7-112-13217-1
(20633)

本书编著者名单

主编人：张　华　中国建筑科学研究院建筑机械化研究分院研究员

参编人：喻惠业　江苏申锡建筑机械有限公司高级工程师

张秀伟　徐州海伦哲专用车辆股份有限公司高级工程师

陈建平　杭州赛奇高空作业机械有限公司教授级高级工程师

前 言

高处作业在建筑施工中最为常见，其危险性不但与施工人员素质、施工管理、施工方法有关，而且与施工作业的环境、施工使用的工具和设备、施工作业的难度有关。造成的危害主要为高处坠落和物体打击，高处作业严重威胁着施工作业人员的人身安全，为此，有必要对高处作业事故进行预防监控，以便采取相应的措施，减少事故的发生。

高处作业所使用的机械设备与普通的建筑机械相比也具有安全性高、对设备本身的使用要求高的特点。2010 年 7 月 19 日，国务院印发了《关于进一步加强企业安全生产工作的通知》，为配合建设系统贯彻落实《关于进一步加强企业安全生产工作的通知》精神，贯彻落实《中华人民共和国安全生产法》、《中华人民共和国建筑法》、《建筑工程安全生产管理条例》及执行相关建筑施工高处作业的法律、法规和标准，帮助建筑施工企业的有关负责人和安全生产管理人员理解和掌握相关的法规和知识，提高高处作业的安全意识和管理能力，有效预防高处作业坠落事故的发生，中国建筑科学研究院建筑机械化研究分院组织编写了本书。本书对建筑施工高处作业机械的主要机种高处作业吊篮、擦窗机、高空作业车和高空作业平台的安全技术要求、安装与拆卸、安全操作规程、检查、维护与保养等作了全面介绍，并对上述产品相应的国家标准规范进行了全面的解析，供建筑施工单位、高处作业机械使用单位和安全生产管理人员学习和参考，也可以作为对相关管理人员、从业人员进行培训考核的参考资料。

本书由中国建筑科学研究院建筑机械化研究分院张华研究员主编和统稿。

参加编写的有：中国建筑科学研究院建筑机械化研究分院张华研究员(第 1 章、第 3 章)、江苏申锡建筑机械有限公司喻惠业高级工程师(第 2 章)、徐州海伦哲专用车辆股份有限公司张秀伟高级工程师(第 4 章)、杭州赛奇高空作业机械有限公司陈建平教授级高级工程师(第 5 章)。

全书由长安大学王进教授审稿。

由于编写时间仓促，错误和不当之处请谅解并提出宝贵意见。

目　录

1 概述

1.1 高处作业基本知识

国家标准《高处作业分级》GB/T 3608—2008 对高处作业的术语作了定义，高处作业是指在距坠落高度基准面 2m 或 2m 以上有可能坠落的高处进行的作业。由于在建筑施工的各作业过程中，高处作业的客观环境复杂、流动性强，作业方法大多是多人作业和立体交叉作业，稍有疏忽就可能带来难以想象的后果。据住房和城乡建设部安全司统计，高处作业事故发生率占各行业及各类事故的首位，事故类型大体分为两类：第一类是作业人员从高处坠落造成伤害；第二类是设备、材料、工具、余料等物品从高处落下，导致下方人员受到伤害。

《高处作业分级》GB/T 3608—2008 对高处作业分了四个区段，第一区段为 2～5m；第二区段为 5～15m；第三区段为 15～30m；第四区段为 30m 以上。该标准列举了 11 种直接引起坠落的客观危险因素：

(1) 阵风风力五级(风速 8.0m/s)以上；

(2)《高温作业分级》GB/T 4200—2008 规定的二级或二级以上的高温作业；

(3) 平均气温等于或低于 5℃的作业环境；

(4) 接触冷水温度等于或低于 12℃的作业；

(5) 作业场地有冰、雪、霜、水、油等易滑物；

(6) 作业场所光线不足，能见度差；

(7) 作业活动范围与危险电压带电体的距离小于表 1-1 的规定；

作业活动范围与危险电压带电体的距离 表 1-1

危险带电体的电压等级(kV)	距离(m)	危险带电体的电压等级(kV)	距离(m)
≤10	1.7	220	4.0
35	2.0	330	5.0
63～110	2.5	500	6.0

(8) 摆动立足处不是平面或只有很小的平面，即任一边小于 500mm 的矩形平面、直径小于 500mm 的圆形平面或具有类似尺寸的其他形状的平面，致使作业者无法维持正常姿势；

(9)《体力劳动强度分级》GB 3869—1997 规定的三级或三级以上的体力劳动强度；

(10) 存在有毒气体或空气中含氧量低于 0.195 的作业环境；

(11) 可能会引起各种灾害事故的作业环境和抢救突然发生的各种灾害事故。

《高处作业分级》GB/T 3608—2008 对高处作业作了如下分级(表 1-2)：

高处作业分级 **表 1-2**

分类法	高处作业高度(m)			
	$2 \leqslant h_w \leqslant 5$	$5 < h_w \leqslant 15$	$15 < h_w \leqslant 30$	$h_w > 30$
A	Ⅰ	Ⅱ	Ⅲ	Ⅳ
B	Ⅱ	Ⅲ	Ⅳ	Ⅳ

(1) 不存在上述 11 种中任意一种客观危险因素的高处作业按表 1-2 中的 A 类法分级；

(2) 存在上述 11 种中任意一种或一种以上客观危险因素的高处作业按表 1-2 中的 B 类法分级。

高处作业范围的大小，直接关系着高处坠落的危害后果。高处作业范围的划分是以作业位置为圆心，可能坠落范围的半径 R 为半径所作的圆，称为可能坠落范围。根据作业高度(作业位置至其底部的垂直距离)的不同划分四个坠落范围：

(1) 当 $2\text{m} \leqslant h_w \leqslant 5\text{m}$ 时，R 为 3m；

(2) 当 $5\text{m} < h_w \leqslant 15\text{m}$ 时，R 为 4m；

(3) 当 $15\text{m} < h_w \leqslant 30\text{m}$ 时，R 为 5m；

(4) 当 $h_w > 30\text{m}$ 时，R 为 6m。

1.2 建筑施工高处作业的基本规定

《建筑施工高处作业安全技术规范》JGJ 80—1991 于 1992 年 1 月发布，1992 年 8 月 1 日实施。本规范对建筑施工高处作业的安全作了基本规定，具体如下：

(1) 高处作业的安全技术措施及其所需料具，必须列入工程的施工组织设计。

(2) 单位工程施工负责人应对工程的高处作业安全技术负责并建立相应的责任制。施工前，应逐级进行安全技术教育及交底，落实所有安全技术措施和人身防护用品，未经落实时不得进行施工。

(3) 高处作业中的安全标志、工具、仪表、电气设施和各种设备，必须在施工前加以检查，确认其完好，方能投入使用。

(4) 攀登和悬空高处作业人员及搭设高处作业安全设施的人员，必须经过专业技术培训及专业考试合格，持证上岗，并必须定期进行体格检查。

(5) 施工中对高处作业的安全技术设施，发现有缺陷和隐患时，必须及时解决；危及人身安全时，必须停止作业。

(6) 施工作业场所有坠落可能的物件，应一律先行撤除或加以固定。

高处作业中所用的物料，均应堆放平稳，不妨碍通行和装卸。工具应随手放入工具袋；作业中的走道、通道板和登高用具，应随时清扫干净；拆卸下的物件及余料和废料均应及时清理运走，不得任意乱置或向下丢弃。传递物件禁止抛掷。

(7) 雨天和雪天进行高处作业时，必须采取可靠的防滑、防寒和防冻措施。凡水、冰、霜、雪均应及时清除。

对进行高处作业的高耸建筑物，应事先设置避雷设施。遇有六级以下强风、浓雾等恶劣气候，不得进行露天攀登与悬空高处作业。暴风雪及台风暴雨后，应对高处作业安全设施逐一加以检查，发现有松动、变形、损坏或脱落等现象，应立即修理完善。

(8) 因作业必需，临时拆除或变动安全防护设施时，必须经施工负责人同意，并采取相应的可靠措施，作业后应立即恢复。

(9) 防护棚搭设与拆除时，应设警戒区，并应派专人监护。严禁上下同时拆除。

(10) 高处作业安全设施的主要受力杆件，力学计算按一般结构力学公式，强度及挠度计算按现行有关规范进行，但钢受弯构件的强度计算不考虑塑性影响，构造上应符合现行相应规范的要求。

1.3 我国建筑施工高处作业的现状

我国经济和城镇化建设正处于快速发展时期。在城镇化快速发展的推动下，我国的建筑业作为国民经济增长的支柱产业之一，已成为当今世界上最大的建筑市场。但严峻的事实是，我国建筑施工仍然是典型的传统产业，尤其是建筑施工高处作业涉及的面广、量大，就我国目前建筑施工的现状来讲仍然存在着劳动密集、管理粗放、劳动生产率低的现实，人均不到6万元，资本金利用率不到8%；而且能耗过大、环境污染严重、安全事故频发、施工速度慢、部分工程质量差、经济效益低是施工企业的共性问题。造成此问题的原因较多，但突出原因是建筑工业化、机械化程度低。尤其是在建筑安装方面的高处作业方法更为落后，大部分工程安装仍然采用传统的搭设大面积脚手架的施工方法，该工艺存在施工材料浪费大、劳动效率低、搭设和拆装费时、费工，且安全性能差等缺点。近年来国内建筑脚手架坍塌和高处坠落事故频频发生，据统计，全国群死群伤事故中，建筑事故的死伤数仅次于采矿和交通事故。为有效解决建筑施工安全生产中存在的突出问题，2006年国务院在全国安全生产工作会议上明确提出了关于在建筑施工等重点行业开展安全生产专项整治的要求，方案中明确提出了要改革施工工艺，尽量减少此类多发事故的发生。为此，国家下大力气，通过制定相应的政策法规，通过科技攻关，集中力量研发并生产推广了一批先进适用的高处作业装备和技术，用以帮助施工企业提高劳动生产率，保证建筑施工中的安全，提高施工效率和施工质量，达到大幅度提升建筑业经济效益和建筑施工科技含量，有效遏制建筑施工坍塌、坠落等重、特大事故的上升势头。日本和欧美自20年前开始推广先进的无脚手架施工高处作业技术，不仅有效地遏制了高处坠落和坍塌事故，使建筑施工安全事故大幅度减少，而且大大提高了施工效率、降低了施工成本。因此，借鉴国外先进国家的经验和技术，积极采用先进的机械化高处作业施工技术，对于全面提升我国建筑施工高处作业的整体技术水平有着积极的重要意义。

1.4 建筑施工高处作业机械的发展及其特点

1.4.1 建筑施工高处作业机械的发展

随着现代建筑业、楼宇物业、科技工业的发展，高处作业已经涉及非常广泛的领域。然而，为高处作业提供装备保障的设施、装备是多种多样的，最原始的是用竹木等制成的梯子或架子等满足需要。随着高处作业的高度不断增加，用梯子显然无法满足施工要求，因此，人们开始用竹木等材料搭建多层脚手架，作业高度可以大幅度提高。但由于竹木脚手架存在强度低、易发生火灾等事故，到 20 世纪 60 年代，国外发展了用钢管制成的移动式脚手架，70 年代引进到我国，为当时的高处作业提供了较为先进的装备。钢质脚手架在一定程度上解决了强度问题，但由于需要消耗大量的钢材资源，且钢结构件暴露在空气中容易受到腐蚀，结构的安全性会受到严重影响，建筑工地采用钢脚手架的倒塌事件时有发生，因此国内外先后研制了机械化的高处作业设备，如高空作业车、高空作业平台、高处作业吊篮、擦窗机等。20 世纪末，国外纷纷采用无脚手架施工工法，如日本、美国等。无脚手架高处作业工法的推广，大大减少了高空作业的安全事故，减少了资源的消耗，大幅度地提高了劳动生产率，因此受到各个国家的高度重视。

1.4.2 建筑施工高处作业机械的特点

建筑施工高处作业机械与普通的建筑机械相比有其特殊的特点。第一，高处作业机械是高空载人设备，安全性要求高。因此，对设备本身的安全技术性能要求比普通建筑机械要高许多。第二，高处作业机械操作具有极大的危险性，因此，对设备本身的使用要求(包括人员素质、技能、使用维护保养等)比普通建筑机械要高许多。

建筑施工高处作业机械目前在我国主要包括高空作业车、高空作业平台、高处作业吊篮、擦窗机等。国家对上述高处作业机械的产品在安全性方面制定了许多技术标准，如：《高空作业机械安全规则》JG 5099—1998、《剪叉式高空作业平台》JG/T 5100—1998、《臂架式高空作业平台》JG/T 5101—1998 、《套筒油缸式高空作业平台》JG/T 5102—1998、《桅柱式高空作业平台》JG/T 5103—1998、《桁架式高空作业平台》JG/T 5104—1998、《高空作业车》GB/T 9465—2008、《擦窗机》GB 19154—2003 、《高处作业吊篮》GB 19155—2003 、《擦窗机安装工程质量验收规程》JGJ 150—2008 等。在建筑施工高处作业机械的使用方面也制定了许多技术标准，如：《建筑物清洗维护质量要求》GB/T 25030—2010、《建筑机械使用安全技术规程》JGJ 33—2001、《建筑施工高处作业安全技术规范》JGJ 80—1991、《施工现场机械设备检查技术规程》JGJ 160—2008、《高处作业分级》GB/T 3608—2008 等。此外，各级地方政府也制定了一些相应的设备管理规定，如：《北京市电力公司特种作业车辆管理规定》、《辽宁省电力公司高空作业车检验规程》等。

在建筑施工高处作业机械的使用中，国家将上述设备的操作纳入了特种工种，对于高处作业吊篮和擦窗机产品的操作，国家各省级部门组织了专门的机构对悬吊作业设备的使用管理、操作、维修等进行专业培训并颁发上岗操作证。对于高空作业车和高空作业平台产品的使用管理和操作，目前国家标准化管理委员会即将出台两项国家标准《移动式升降工作平台　安全规则、检查、维护和操作》(等同采用 ISO 18893：2004 制定)、《移动式升降工作平台　操作人员培训》(等同采用 ISO 18878：2004 制定)，也将高空作业车和高空作业平台的操作纳入了特种工种，并将设专门机构对这两个产品的使用管理、操作、维修等进行专业培训并颁发上岗操作证。

2 高处作业吊篮

2.1 《高处作业吊篮》GB 19155—2003 条文释义与应用

《高处作业吊篮》GB 19155—2003（以下简称“吊篮国标”）于 2003 年 5 月 23 日发布，自 2003 年 11 月 1 日起开始实施。

“吊篮国标”发布实施八年以来，对统一和规范吊篮行业的设计、制造、试验、检测、检查及操作、维护等各个方面起到了明确有效的指导作用；对吊篮行业的健康有序发展起到了强有力的推动作用。

2.1.1 标准的基本结构与性质

“吊篮国标”是在《高处作业吊篮》JG/T 5032—1993、《高处作业吊篮安全规则》JG 5027—1992、《高处作业吊篮用提升机》JG/T 5033—1993、《高处作业吊篮用安全锁》JG 5034—1993 和《高处作业吊篮性能试验方法》JG/T 5025—1992 等五项建工行业标准的基础上进行制定的。

“吊篮国标”为了与国际接轨，在结合本国国情的基础上，尽量吸收引用先进国家的先进标准，在一些关键条款上参照了欧洲标准《悬吊接近设备》prEN 1808：1999 和美国标准《建筑物维护用动力悬挂吊船的安全条件》ANSIA 120.1：1992。

根据我国《标准化法》规定：“国家标准、行业标准分为强制性标准和推荐性标准。保障人体健康、人身、财产安全的标准和法律、行政法规规定强制执行的标准是强制性标准，其他标准是推荐性标准。”“吊篮国标”属于强制性标准。为了突出直接保障人体健康、人身、财产安全的条款，在吊篮国标的上百条条款中，专门设置了 18 条强制性条款，其他为推荐性条款。

2.1.2 标准的定量规定条款

1. 标准规定的定量设计参数

（1）额定速度——吊篮额定速度不大于 18m/min。

（2）制动距离——吊篮制动器必须使带有动力试验载荷的悬吊平台，在不大于 100mm 制动距离内停止运行。

（3）锁绳速度——离心触发式安全锁锁绳速度不大于 30m/min。

（4）锁绳角度——摆臂式防倾斜安全锁，悬吊平台工作时纵向倾斜角度不大于 8°时，能自动锁住并停止运行。

（5）平台尺寸——悬吊平台内工作宽度不应小于 0.4m，底板有效面积不小于 0.25m²/人。

（6）排水孔尺寸——底板排水孔直径最大为 10mm。

(7) 护栏高度——悬吊平台工作面的护栏高度不应低于 0.8m，其余部位则不应低于 1.1m。

(8) 挡板高度——悬吊平台底部四周应设有高度不小于 150mm 的挡板。

(9) 挡板与底板间隙——挡板与底板间隙不大于 5mm。

(10) 绳轮直径——提升机绳轮直径与钢丝绳直径之比值不应小于 20。

(11) 手柄操作力——手动提升机施加于手柄端的操作力不应大于 250N。

(12) 吊点设置——吊篮的每个吊点必须设置 2 根钢丝绳。

(13) 钢丝绳直径——工作钢丝绳最小直径不应小于 6mm。

(14) 预埋螺栓直径——安装吊篮用的预埋螺栓，其直径不应小于 16mm。

2. 标准规定的安全系数

(1) 结构安全系数——吊篮的承载结构件为塑性材料时，按材料屈服点计算，其安全系数不应小于 2；吊篮的承载结构件为非塑性材料时，按材料的强度极限计算，其安全系数不应小于 5。

(2) 屋面预埋件安全系数——当悬挂机构的载荷由屋面预埋件承受时，其预埋件的安全系数不应小于 3。

(3) 钢丝绳安全系数——钢丝绳安全系数不应小于 9。

(4) 抗倾覆安全系数(1)——在正常工作状态下，吊篮悬挂机构的抗倾覆力矩与倾覆力矩的比值不得小于 2。

(5) 抗倾覆安全系数(2)——钢丝绳吊点距悬吊平台端部距离应不大于悬吊平台全长的 1/4，悬挂机构的抗倾覆力矩与额定载重量集中作用在悬吊平台外伸段中心引起的最大倾覆力矩之比不得小于 1.5。

(6) 连接强度安全系数——提升机和安全锁与悬吊平台连接强度不应小于 2 倍允许冲击力。

2.1.3 标准的定性规定条款

(1) 配重应标有质量标记，应准确、牢固地安装在配重点上。

(2) 悬吊平台上应醒目地注明额定载重量及注意事项。

(3) 安全钢丝绳必须独立于工作钢丝绳另行悬挂。

(4) 手柄操作方向应有明显箭头指示。

(5) 电气控制系统供电应采用三相五线制。

(6) 手动滑降装置应灵敏可靠。

(7) 吊篮上所设置的各种安全装置均不能妨碍紧急脱离危险的操作。

(8) 悬挂机构应有足够的强度和刚度。单边悬挂悬吊平台时，应能承受平台自重、额定载重量及钢丝绳的自重。

(9) 提升机传动系统在绳轮之前禁止采用离合器和摩擦传动。

(10) 吊篮的各部件均应采取有效的防腐蚀措施。

2.1.4 标准的强制性条款

1. 与整体稳定性相关的强制性条款

设备发生整体失稳属于致命故障。为此，“吊篮国标”设置了两条强制性条款：

(1)“5.2.7　在正常工作状态下，吊篮悬挂机构的抗倾覆力矩与倾覆力矩的比值不得小于 2。”

(2)“5.2.8　钢丝绳吊点距悬吊平台端部距离应不大于悬吊平台全长的 1/4，悬挂机构的抗倾覆力矩与额定载重量集中作用在悬吊平台外伸段中心引起的最大倾覆力矩之比不得小于 1.5。”

2. 与制动器相关的强制性条款

制动器的作用是，使悬吊平台停留在预定的位置上。这是吊篮实现其功能要求必备的基本条件，否则，吊篮将无法正常工作。而且制动器一旦失效，将使提升机失控，很可能发生平台倾翻的恶性事故。为此，“吊篮国标”设置了三条强制性条款：

(1)“5.4.3.3　提升机必须设有制动器，其制动力矩应大于额定提升力矩的 1.5 倍。制动器必须设有手动释放装置，动作应灵敏可靠。”

(2)“5.2.2　吊篮制动器必须使带有动力试验载荷的悬吊平台，在不大于 100mm 制动距离内停止运行。”

(3)“5.3.5　吊篮在承受静力试验载荷时，制动器作用 15min，滑移距离不得大于 10mm。”

3. 与安全锁相关的强制性条款

安全锁的作用是，在提升机或工作钢丝绳失效时，能确保悬吊平台不发生坠落事故。为此，“吊篮国标”设置了四条强制性条款：

(1)“5.2.4　安全钢丝绳必须装有安全锁或相同作用的独立安全装置。在正常运行时，安全钢丝绳应顺利通过安全锁或相同作用的独立安全装置。”

(2)“5.4.5.1　安全锁或具有相同作用的独立安全装置的功能应满足：

a) 对离心触发式安全锁，悬吊平台运行速度达到安全锁锁绳速度时，即能自动锁住安全钢丝绳，使悬吊平台在 200mm 范围内停住；

b) 对摆臂式防倾斜安全锁，悬吊平台工作时纵向倾斜角度不大于 8°时，能自动锁住并停止运行；

c) 安全锁或具有相同作用的独立安全装置，在锁绳状态下应不能自动复位。”

(3)“5.4.5.2　安全锁承受静力试验载荷时，静置 10min，不得有任何滑移现象。”

(4)“5.4.5.6　安全锁必须在有效标定期限内使用，有效标定期限不大于一年。”

4. 与钢丝绳相关的强制性条款

钢丝绳是吊篮产品最重要的易损件。钢丝绳的失效，将直接导致悬吊平台坠落。为此，“吊篮国标”设置了三条强制性条款：

(1)“5.2.4　吊篮的每个吊点必须设置 2 根钢丝绳，安全钢丝绳必须装有安全锁或相同作用的独立安全装置。”

(2)“5.4.6.6　安全钢丝绳必须独立于工作钢丝绳另行悬挂。”

(3)“5.4.6.2　钢丝绳安全系数不应小于 9。”

5. 与提升机相关的强制性条款

提升机是吊篮产品的动力部件。提升机的失效，也可能导致悬吊平台坠落。为此，“吊篮国标”设置了两条强制性条款：

(1)“5.4.3.1　提升机传动系统在绳轮之前禁止采用离合器和摩擦传动。”

(2)“5.4.3.3　提升机必须设有制动器。”

6. 与安全装置相关的强制性条款

作为特级高处作业设备的吊篮，由钢丝绳悬挂载人进行高空作业的方式本身，就决定了它具有极大的操作危险性，应该属于特种作业范畴。为了确保作业人员及设备的安全，必须设置必要的安全装置，对此，“吊篮国标”设置了三条强制性条款：

(1)“5.2.3　吊篮必须设置上行程限位装置。”

(2)“5.2.6　吊篮必须设有在断电时使悬吊平台平稳下降的手动滑降装置。”

(3)“5.4.3.5　手动提升机必须设有闭锁装置。”

7. 与安全用电相关的强制性条款

电气系统的安全性直接关系着设备操作人员的作业安全，为避免发生人身触电事故与机械事故，“吊篮国标”设置了三条强制性条款：

(1)“5.4.7.4　带电零件与机体间的绝缘电阻不应低于 2MΩ。”

(2)“5.4.7.5　电气系统必须设置过热、短路、漏电保护等装置。”

(3)“5.4.7.6　悬吊平台上必须设置紧急状态下切断主电源控制回路的急停按钮，该电路独立于各控制电路。急停按钮为红色，并有明显的‘急停’标记，不能自动复位。”

2.1.5　标准的应用

1. 标准在设计方面的应用

(1) 总体设计须符合标准规定的各项设计参数。

(2) 结构设计须满足标准规定的各项安全系数。

(3) 机构设计须按照标准要求设置相关装置。

(4) 整机设计须不折不扣地执行标准规定的与设计相关的强制性条款；对与设计相关的推荐性条款应尽最大可能予以满足。

(5) 在设计过程中，必须全盘考虑最终全面实现标准规定的各项性能参数，以及在标准 5.1.6 规定的环境下应能正常工作。

2. 标准在制造方面的应用

(1) 吊篮应按照规定程序批准的图样及技术文件制造。

(2) 吊篮的自制零部件应经检验合格后方可装配。

(3) 标准件、外购件、外协件应具有制造厂的合格证，否则应按有关标准进行检验，合格后方可进行装配。

(4) 原材料应符合产品图样规定，并应有供应厂的正式标记及合格证。关键零部件所用原材料，制造前应抽样检验，确认合格后方可使用。

(5) 制造生产的同一型号吊篮的零部件应具有互换性。

(6) 制造和装配质量应符合标准 5.5.1 的规定。

(7) 外观质量应符合标准 5.5.2 的规定。

3. 标准在使用方面的应用

(1) 应控制在标准 5.1.6 规定的环境下进行使用。

(2) 电气控制系统供电应采用三相五线制。

(3) 吊篮的电气系统应可靠地接地，接地电阻不应大于4Ω。

(4) 应采取防止随行电缆碰撞建筑物、过度拉紧或其他可能导致损坏的措施。

(5) 产品在运输时应可靠固定，并应符合所需运输条件的装载要求，在装卸时不得损坏产品。

(6) 吊篮应存放在通风、无雨淋日晒和无腐蚀气体的环境中，并将随机工具、备件及需防锈的表面和各润滑点涂以防锈脂和注入润滑油。

(7) 吊篮的检查、操作和维护应严格按照标准第9章的规定执行。

2.2 高处作业吊篮安全技术

2.2.1 高处作业吊篮基本类型

1. 高处作业吊篮属于建设机械之中的装修机械类设备

按驱动方式不同，吊篮分为手动吊篮、气动吊篮和电动吊篮三种形式。

手动吊篮以价格低廉占有一定的市场，但由于升降速度低，工作效率低，靠人力驱动，劳动强度大，不适合应用在作业效率要求高的场所。

气动吊篮以压缩空气作动力，适用于有防爆要求的作业场所，适合多机集中作业。由一台空气压缩机提供气源，供多台吊篮同时作业。但由于气管(用于由气源到提升机之间的连接)不便于长距离、大范围移动，所以国内用户基本不采用气动吊篮。

电动吊篮以升降速度快、作业效率高、电源连接方便、操作省力简便等优点，被用户广泛采用。目前电动吊篮在国内市场的占有率在90%以上，是应用最普遍的吊篮形式。

2. 型号

吊篮的型号由类、组、型、特性、主参数代号和悬吊平台结构层数以及更新变型代号组成(图2-1)。

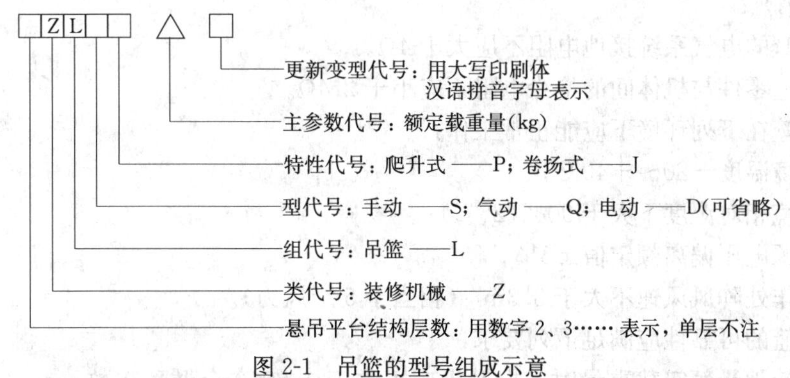

图2-1 吊篮的型号组成示意

3. 吊篮主要部件的基本类型

1) 提升机

按动力不同，分为电动提升机、气动提升机和手动提升机三种类型。

按提升原理不同，分为爬升式提升机和卷扬式提升机两种类型。

爬升式提升机按钢丝绳在机内的缠绕方式不同分为“α”形绕法和“S”形绕法两种形式。

2）安全锁

按触发机构不同，安全锁分为离心触发式安全锁、摆臂防倾式安全锁和断绳保护式安全锁三种类型。

3）悬挂机构

大致分为附着式和杠杆式两大类型。

附着式悬挂机构附着在建筑物或构筑物的女儿墙、檐口或某些承重的结构上。悬吊所产生的倾翻力矩，全部或部分靠被附着的建筑结构所平衡。

杠杆式悬挂机构的倾翻力矩全部靠本身结构进行平衡。其优点是：适用范围宽；对安装现场无特殊要求。目前在吊篮上应用最为广泛。

4）悬吊平台

分为普通悬吊平台、单吊点悬吊平台、多层悬吊平台和异型悬吊平台。

2.2.2 对高处作业吊篮性能的要求

1）吊篮在承受静力试验载荷时，制动器作用 15min，滑移距离不得大于 10mm。

2）提升机制动器制动力矩应大于额定提升力矩的 1.5 倍。

3）吊篮在动力试验时，应有超载 25％额定载重量的能力。

4）吊篮在静力试验时，应有超载 50％额定载重量的能力。

5）悬吊平台的护栏应能承受 1000N 的水平集中载荷。

6）悬吊平台在承受动力试验载荷时，平台底面最大挠度值不得大于平台长度的 1/300。

7）手动滑降装置下降速度不应大于 1.5 倍的额定提升速度。

8）电动机堵转转矩不低于 180％额定转矩。

9）吊篮在额定载重量下工作时，操作者耳边噪声值不大于 85dB(A)，机外噪声值不大于 80dB(A)。

10）吊篮的电气系统接地电阻不应大于 4Ω。

11）带电零件与机体间的绝缘电阻不应小于 2MΩ。

12）吊篮在下列环境下应能正常工作：

(1) 环境温度－20～＋40℃；

(2) 环境相对湿度不大于 90％(25℃)；

(3) 电源电压偏离额定值±5％；

(4) 工作处阵风风速不大于 8.3m/s(相当于 5 级风力)。

13）吊篮的可靠性应满足下列要求：

(1) 吊篮承受额定载重量时，提升机应正常工作 3000 个循环次数，首次故障前工作时间不少于 $0.5t_0$，平均无故障工作时间不少于 $0.3t_0$，可靠度不低于 92％。

(2) 手动提升吊篮承受额定载重量时，提升机应能正常工作 500 个循环次数。应无断裂、明显磨损；当提升机变换运行方向时，制动器应起作用。

2.2.3 对高处作业吊篮安全装置的要求

(1) 吊篮必须设置上行程限位装置。

(2) 吊篮宜设超载保护装置。

(3) 吊篮必须装有安全锁或相同作用的独立安全装置。

(4) 提升机必须设有制动器。

(5) 制动器必须设有手动释放装置。

(6) 吊篮必须设有在断电时使悬吊平台平稳下降的手动滑降装置。

(7) 手动提升机必须设有闭锁装置。

(8) 悬吊平台应设有靠墙轮或导向装置或缓冲装置。

(9) 电气系统必须设置过热、短路、漏电保护等装置。

(10) 悬吊平台上必须设置紧急状态下切断主电源控制回路的急停按钮。

(11) 吊篮所有外露传动部分，应装有防护装置。

2.2.4 对高处作业吊篮安全技术的要求

1. 对提升机的安全技术要求

(1) 制动器必须使带有125%额定载重量的悬吊平台，在不大于100mm滑移距离内停止运行。

(2) 在承受静力试验载荷(即150%额定载重量)时，制动器作用15min，滑移距离不大于10mm。

(3) 必须设有在断电时使悬吊平台平稳下降的手动滑降装置。

(4) 传动系统在绳轮之前禁止采用离合器和摩擦传动。

(5) 绳轮直径与钢丝绳直径之比不应小于20。

(6) 电动机堵转转矩不低于180%额定转矩。

(7) 应具有良好的穿绳性能，不得卡绳和堵绳。

(8) 所有转动的外露部分应设置机罩或防护装置。

2. 对安全锁的安全技术要求

(1) 离心触发式安全锁在悬吊平台运行速度达到安全锁绳速度时，即能自动锁住安全钢丝绳，使悬吊平台在200mm范围内停住。

(2) 离心触发式安全锁绳速度不大于30m/min。

(3) 摆臂防倾式安全锁在悬吊平台工作时纵向倾斜角度不大于8°时，能自动锁住并停止运行。

(4) 安全锁在锁绳状态下不得自动复位；工作时应处于自由状态。

(5) 安全锁承受150%额定载重量时，静置10min，不得有任何滑移现象。

(6) 安全锁与悬吊平台的连接强度不应小于2倍的允许冲击力。

(7) 安全锁必须在有效标定期限内使用，有效标定期限不大于一年。

3. 对悬挂机构的安全技术要求

(1) 悬挂机构应有足够的强度和刚度。单边悬挂悬吊平台时，应能承受平台自重、额定载重量及钢丝绳的自重。

(2) 悬挂机构施加于建筑物顶面或构筑物上的作用力均应符合建筑结构的承载要求。当悬挂机构的载荷由屋面预埋件承受时，其预埋件的安全系数不应小于3。

(3) 配重应标有质量标记。

(4) 配重应准确、牢固地安装在配重点上。

4. 对悬吊平台的安全技术要求

(1) 悬吊平台应有足够的强度和刚度，承受两倍的均布额定载重量时，不得出现焊缝裂纹、螺栓铆钉松动和结构件破坏现象。

(2) 悬吊平台在承受动力试验载荷时，平台底面最大挠度值不得大于平台长度的1/300。

(3) 悬吊平台四周应装有固定式安全护栏。工作面的护栏高度不应小于0.8m，其余部位则不应小于1.1m。护栏应能承受1000N的水平集中载荷。

(4) 悬吊平台内工作宽度不应小于0.4m，并应设置防滑底板，底板有效面积不小于0.25m^2/人，底板排水孔直径最大为10mm。

(5) 悬吊平台底部四周应设有高度不小于150mm的挡板，挡板与底板间隙不大于5mm，防止工具物料滑出。

(6) 悬吊平台上应醒目地注明额定载重量及注意事项。

(7) 悬吊平台应设有靠墙轮或导向装置或缓冲装置。

5. 对钢丝绳的安全技术要求

(1)吊篮宜选用高强度、镀锌、柔度好的钢丝绳，其性能应符合《重要用途钢丝绳》GB 8918—2006《一般用途钢丝绳》GB/T 20118—2006的规定。

(2) 钢丝绳的安全系数不应小于9。

(3) 钢丝绳绳端的固定应符合《塔式起重机安全规程》GB 5144—2006中相关条款的规定。钢丝绳的检查和报废应符合《起重机械用钢丝绳检验和报废实用规范》GB/T 5972—2006中相关条款的规定。

(4) 工作钢丝绳最小直径不应小于6mm。

(5) 安全钢丝绳宜选用与工作钢丝绳型号、规格相同的。在正常运行时，安全钢丝绳应处于悬垂状态。

(6) 安全钢丝绳必须独立于工作钢丝绳另行悬挂。

(7) 钢丝绳在使用中每月至少检查两次。

6. 对电气系统的安全技术要求

(1) 电气控制系统供电应采用三相五线制。接地、接零线应分开。

(2) 吊篮的电气系统应可靠地接地。接地电阻不应大于4Ω。

(3) 带电零件与机体间的绝缘电阻不应低于2MΩ。应能承受50Hz正弦波形、1250V电压为时1min的耐压试验。

(4) 电气系统必须设置过热、短路、漏电保护等装置。

(5) 必须设置紧急状态下切断主电源控制回路的急停按钮。急停按钮为红色，不能自动复位。

(6) 必须设置上行程限位装置。

(7) 按钮开关和行程限位开关动作应正确可靠。

(8) 应采取防止随行电缆碰撞建筑物、过度拉紧或其他可能导致损坏的措施。

7. 对结构件报废的安全技术要求

(1) 吊篮主要结构件由于腐蚀、磨损，其深度到达原构件的10%时，则应予以报废。

(2) 主要受力构件产生永久变形而又不能修复时，应予以报废。

(3) 悬挂机构、悬吊平台和提升机吊架等整体失稳后不得修复，应报废。

(4) 当结构件及其焊缝出现裂纹时，应分析原因，根据受力和裂纹情况采取加强措施。达到原设计要求时，才能继续使用，否则应予报废。

8. 对吊篮整机的安全技术要求

(1) 吊篮在动力试验时，应有超载25%额定载重量的能力。

(2) 吊篮在静力试验时，应有超载50%额定载重量的能力。

(3) 吊篮额定速度不大于18m/min。

(4) 手动滑降装置应灵敏可靠，下降速度不应大于1.5倍的额定提升速度。

(5) 吊篮在承受静力试验载荷时，制动器作用15min，滑移距离不得大于10mm。

(6) 吊篮在额定载重量下工作时，操作者耳边噪声值不大于85dB(A)，机外噪声值不大于80dB(A)。

(7) 吊篮上所设置的各种安全装置均不能妨碍紧急脱离危险的操作。

(8) 吊篮的各部件均应采取有效的防腐蚀措施。

2.2.5 对高处作业吊篮安装与拆卸的安全要求

1. 吊篮总体安装的安全技术要求

(1) 安装作业前，应划定安全区域，排除作业障碍。对操作人员进行安全技术交底。

(2) 必须严格按照《吊篮安装施工方案》和《吊篮使用说明书》的规定和要求，在专业人员指导下进行安装。

(3) 在吊篮安装的10m范围内不得有高压输电线路。

(4) 安装前必须检查确认所有待装零部件是检修合格的零部件，并且在规定使用期限内或有效标定期内。

(5) 安装前必须仔细检查所有待装结构件有无明显弯曲、扭曲或局部变形。

(6) 不得漏装或不装整机所配零部件；不得采用代用品顶替原配零部件；不得采用小尺寸或低强度等级的标准件代替原配标准件。

(7) 在建筑物屋面上进行悬挂机构的组装时，应与屋面边缘保持安全距离。组装场地狭小时应对作业人员和设备采取防坠落措施。

(8) 在沿海地区以及多风、多雨、大雾、风沙、雷电、高温高湿等不良气候、环境条件下使用吊篮，应采取相应的安全技术措施。

2. 悬挂机构安装的安全技术要求

(1) 前、后支架安放在支承面上应扎实稳定，配重块安装在后支架上要平稳牢固，防止翻倒。

(2) 加强钢丝绳张紧程度必须严格按《吊篮使用说明书》的规定进行。

(3) 前梁外伸不得超过《吊篮使用说明书》规定的最大外伸尺寸；前、后支架之间的水平距离不得小于《吊篮使用说明书》规定的最小距离；配重块数量(重量)不得少于《吊篮使用说明书》的规定。

(4) 横梁安装只允许前端略高于后端，其水平高度差不大于横梁总长的2%。

(5) 对于双吊点吊篮，其悬挂机构吊点间距与悬吊平台吊点间距误差不大于50mm。

(6) 不准不安装前支架而将横梁直接担在女儿墙或其他支撑物上。

(7) 如果受现场安装空间或施工条件限制，在安装时需对《吊篮使用说明书》的某项规定进行调整或变动时，必须征得吊篮制造厂同意，并且在其技术指导下进行，以确保施工安全。

3. 悬吊平台及其相关部件安装的安全技术要求

(1) 悬吊平台对接长度不得超过《吊篮使用说明书》的规定。

(2) 提升机和安全锁与悬吊平台的连接应可靠，必须采用专用螺栓(一般采用高强螺栓)进行连接。

(3) 电控箱应牢固地安装在悬吊平台的护栏上。各部件之间的连接电缆线应排列规整并且有效固定。

(4) 对电源电缆线采取有效保护措施，使其端部固定或绑牢在平台护栏上，避免电源插头直接承受电缆悬垂重力。

(5) 电源电缆线悬垂长度超过100m时，应采取有效的抗拉保护措施。

4. 钢丝绳安装的安全技术要求

1) 钢丝绳绳端固定必须符合《塔式起重机安全规程》GB 5144—2006。具体规定如下(图2-2)：

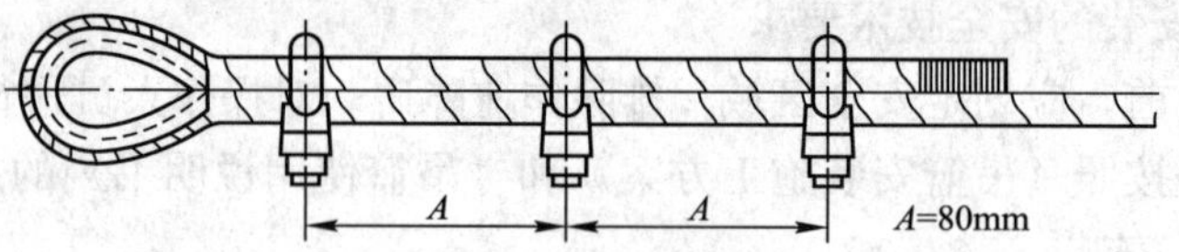

图2-2 钢丝绳的绳端固定示意

(1) 绳夹数量：最少三只(在钢丝绳公称直径 $dr \leqslant 18$mm时)。

(2) 绳夹的布置：把夹座扣在钢丝绳的工作段上，U形螺栓扣在钢丝绳的尾段上。绳夹不得在钢丝绳上交替布置。

(3) 绳夹间距：$A=6 \sim 7dr$。

(4) 绳夹的紧固：第一个绳夹应尽量靠近绳轮或卡套，并预先紧固，必须注意不要损坏钢丝绳的外层钢丝，然后依次紧固第二、第三只绳夹。在受载一、二次后再行拧紧一次绳夹螺母。

2) 工作钢丝绳与安全钢丝绳不得安装在悬挂机构横梁前端同一吊点上。

3) 安装在钢丝绳上端的上行程限位挡块应紧固可靠，其与钢丝绳吊点之间应保持不小于0.5m的安全距离。

4) 安全钢丝绳的下端必须安装绳坠铁，以使钢丝绳绷直。绳坠铁底部至地面高度以100～200mm为宜。工作钢丝绳是否安装绳坠铁按《吊篮使用说明书》的规定执行。

5) 钢丝绳穿头部应经过烧焊处理，并应符合图2-3所示形状及尺寸。

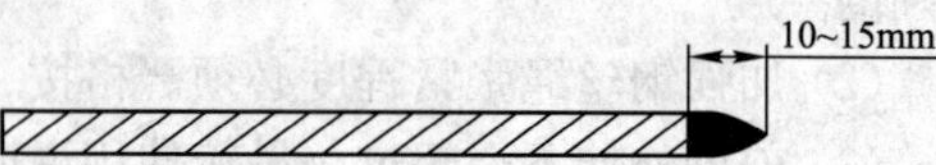

图2-3 钢丝绳穿头部的烧焊处理示意

5. 安全(保护)绳及安全带安装的安全技术要求

(1) 安全绳及安全带的性能指标应符合《安全带》GB 6095—2009 的规定。

(2) 将安全绳牢固地固定在建筑物或构筑物上，不得固定在吊篮的悬挂机构上。

(3) 在安全绳与女儿墙或建筑结构的转角接触处垫上软垫或采取有效的防磨保护措施。

(4) 将安全带扣到安全绳上时，必须采用专用配套的自锁器或具有相同功能的单向自锁卡扣，自锁器不得反装。

6. 吊篮拆卸的安全技术要求

(1) 拆卸时必须按照专项施工方案，并在专业人员的指导下实施。

(2) 必须遵循“先装的部件后拆”的拆卸原则。

(3) 拆除前应将吊篮平台落地，并将钢丝绳从提升机、安全锁中退出，切断总电源。

(4) 拆卸屋面部件时，必须遵守高处作业安全规则。

(5) 拆卸分解后的零部件不得放置在建筑物边缘，并采取防止坠落的措施。零散物品应放置在容器中。

(6) 严禁将吊篮任何部件从高处抛下。

(7) 在拆卸现场应设置警示标志或安全围栏。

2.2.6 高处作业吊篮的维护与保养

1. 吊篮的日常维护与保养

1) 提升机和安全锁的日常维护与保养

(1) 及时清除表面污物，避免进、出绳口混入杂物，损伤机内零件。

(2) 按《吊篮使用说明书》规定的类型、牌号的润滑剂对规定的部位进行有效润滑。

(3) 作业前进行空载试运行，检查有无异常情况。

(4) 在运行中发现异响、异味或异常高温，立即停车检修。

(5) 作业后进行妥善遮盖，避免雨水、杂物等侵入机体。

(6) 在拆装、运输和使用中避免发生碰撞损伤机壳。

2) 结构件的维护与保养

(1) 作业前检查并且紧固销轴和螺栓等紧固件；检查构件变形、裂纹及局部损伤是否超标。

(2) 作业后及时清理表面污物。在清理时要注意保护表面漆层。

(3) 发现漆层被破坏，应及时补漆，避免锈蚀。

(4) 在拆装和运输中，应轻拿轻放，切忌野蛮操作。

3) 钢丝绳的日常维护与保养

(1) 及时清除表面粘附的涂料、水泥、胶粘剂和堵缝剂等污物。

(2) 作业前检查钢丝绳表面断丝、磨损或局部缺陷是否达到报废标准。

(3) 检查绳夹固定情况。发现绳夹固定处出现疲劳破坏或硬伤时，应及时截断，并重新按规定进行绳端固定。

(4) 发现断丝应及时将其插入绳芯部，并且做好记录。当断丝达标时，应立即更换钢丝绳。

(5) 拆下的钢丝绳应捆扎成卷。运输和存放时不得将重物堆放其上。长期存放，要注意避雨防潮。

(6) 安装完毕后，将富余在地面的钢丝绳捆扎成盘，平放在地面上。

4) 电气系统的维护与保养

(1) 电控箱内要保持清洁无杂物。

(2) 作业前检查接头、插头有无松动现象。

(3) 作业中避免电控箱、限位开关和电缆线受外力冲击。

(4) 遇电气故障及时排除。

(5) 作业完毕，及时拉闸断电，锁好电控箱门，并且妥善遮盖电控箱。

2. 吊篮的定期检修

1) 定期检修包括日常维护与保养的全部内容

2) 电气系统的定期检修

(1) 检查电缆损伤情况。对表面局部轻微损伤的用绝缘胶布进行修补。对损伤严重的进行更换。

(2) 检查电缆在平台上的固定是否良好。

(3) 检查各元件有无失灵或破损，并进行修复或更换。

(4) 检查接触器触点烧蚀情况。对轻微烧蚀处用 0 号砂纸打磨修复，对严重烧蚀处进行更换。

(5) 测量绝缘电阻、接地电阻和接零电阻是否符合标准规定。

3) 悬挂机构和悬吊平台的定期检修

(1) 检查受力构件变形和腐蚀情况。

(2) 检查焊缝开裂或裂纹情况。

(3) 检查紧固件连接松动情况。

(4) 检查插接件变形或磨损情况。

(5) 检查涂镀件漆层或镀层脱落情况。

4) 提升机的定期检修

(1) 检查机壳有无裂纹，有无渗油、漏油现象。

(2) 检查进绳口、出绳口、导(分)绳块等易损件的磨损是否超标。

(3) 检查提升机手动滑降装置的完好情况。

(4) 检查电动机制动摩擦片的磨损情况。调整摩擦片的制动间隙，使之达到说明书的规定。

5) 安全锁的定期检修

(1) 检查转动部件润滑情况，加注适量润滑剂。

(2) 检查预紧弹簧复位力是否正常。

(3) 检查开启手柄和闭锁手柄的启闭动作是否正常。

(4) 检查滚轮转动及轮槽磨损情况。

(5) 检查摆臂摆动是否灵活、正常。

6) 钢丝绳和安全保险绳的定期检修

(1) 检查断丝、磨损是否超标。

(2) 检查绳端固定位置是否需要重新固定。

(3) 检查安全保险绳与建筑物转角接触处是否磨损超标。

3. 吊篮的大修

1) 电气系统的大修

(1) 修复或更换失灵或失效的所有电气元件。

(2) 检查电缆线绝缘层是否破损或龟裂老化。对无法修复的予以更换。

(3) 检查各接头、接点的连接情况，必要时按规范要求重新整理或接线。

(4) 上试验台全面检查电控箱的各项动作是否正常可靠。

2) 悬挂机构．悬吊平台和电控箱的大修

(1) 清理表面附着物、残漆及浮锈。

(2) 检查磨损或锈蚀是否超标。对超标的构件进行更换。

(3) 检查构件变形及焊缝裂纹。对可修复的构件采用合理工艺进行修复。对无法修复的构件予以更换。

(4) 检验合格后进行重新涂漆。

3) 提升机和安全锁的大修

(1) 解体清洗。

(2) 检测齿轮、蜗轮、蜗杆、夹钳、定位板以及有配合要求的关主件的轴孔几何尺寸。修复可修复的零件，更换无法修复的零件。

(3) 更换进、出绳口、护绳环、导(分)绳块、油封、轴承等易损件。

(4) 检查壳体变形、裂纹情况。修复塑性材料的壳体，更换出现裂纹的脆性材料的壳体。

(5) 按《吊篮使用说明书》规定加足润滑剂。

(6) 按产品大修出厂标准进行性能检验或标定。

(7) 检验合格后，开具大修出厂合格证。

4) 钢丝绳和安全保险绳的大修

(1) 逐段检查。对超标的予以更换。

(2) 对绳端部进行重新固定。

(3) 彻底清除表面附着物。

2.2.7 高处作业吊篮的常见故障及排除方法

1. 接上电源后，电源指示灯不亮

1) 电源未接通

(1) 检查电控箱电源开关。若进线端有电，出线端无电，则电源开关失效或损坏。修理或更换电源开关。

(2) 检查漏电保护器。重新合闸，若脱扣试验按钮自动弹出，则电气系统存在漏电之处，必须仔细排除；若按钮未弹出，但出线仍无电，则漏电保护器损坏，进行修理更换。

(3) 检查相序保护器(不是吊篮必设元件)。若红色指示灯亮，则表明电源相序不正确，应更正相序；或电源缺相，应查明缺相原因并解决。

(4) 检查主回路熔断器。若主回路熔断器熔断，须先查明系统有无短路之处，排除后更换熔芯。

2) 控制变压器损坏

检查控制变压器。若进线有电，出线无电，则变压器损坏，应更换。

3) 电源指示灯损坏

电源已接通，只是指示灯不亮，则灯泡损坏，应更换。

2. 接通电源后，提升机不动作

1) 热继电器未复位或损坏

(1) 热继电器因过热跳闸后未复位。应先查明线路过热原因并加以排除，然后按下复位按钮。

(2) 热继电器损坏。应更换。

2) 急停按钮未复位

急停按钮被按下，排除故障后未手动复位。应进行复位。

3) 控制回路熔断器熔断

查明原因，排除故障后更换熔芯。

4) 接触器失效或损坏

(1) 线圈烧断。应更换接触器。

(2) 铁芯卡住。应进行修复。

(3) 触头烧损。应进行修复或更换接触器。

5) 启动按钮失效或损坏

(1) 启动按钮被卡住。应进行修复。

(2) 启动按钮损坏。应进行更换。

6) 有下行、无上行动作

(1) 上行接触器失效或损坏。

(2) 上行程限位开关失效或损坏。若限位开关被卡住，会使其常闭触点断开，即切断上行程控制回路，应排除和修复；若限位开关损坏，则更换。

7) 电动机及其接线问题

(1) 电动机被烧毁。应更换。

(2) 电动机与电控箱之间的动力线或插、接头未接通。应排除故障。

3. 电动机只响不转

1) 缺相

(1) 电源缺相。应排除故障。

(2) 电控箱内部缺相。应排除故障。

(3) 电动机与电控箱之间缺相。应排除故障。

(4) 电动机内部断相。应更换电动机。

2) 提升机被卡住

(1) 提升机内部传动系统被卡住。应将提升机解体排除。

(2) 钢丝绳卡在提升机内。应将提升机解体后排除。

4. 提升机空载启动正常，加载启动异常

1）电源电压低于 340V

解决电源问题。

2）接入电控箱的电源电缆过长或过细

虽然电源处电压不低，但由于带载启动电流很大，引起过长或过细的电源电缆自身压降过大，而使电动机实际输入电压过低。更换电源，缩短电缆长度，或换大截面电缆降低电阻。

3）电动机启动力矩过小

更换电机。

5. 松开操作按钮停不住车

1）接触器触点粘连

修复或更换接触器。

2）按钮被卡住或损坏

(1) 按钮被卡住。应排除故障。

(2) 按钮损坏。应进行更换。

6. 断电后提升机下滑

1）提升机制动器失灵或损坏

(1) 制动器摩擦片间隙过大。应调整间隙。

(2) 制动片沾油打滑。应去除油污。

(3) 制动器弹簧或摩擦片损坏。应进行更换。

2）提升机夹(压)绳机构失灵

(1) 夹(压)绳机构磨损过度。应更换磨损超标的零件。

(2) 弹簧压力不足或损坏。应调整压力或更换。

3）钢丝绳沾油

清除油污。

7. 上行程限位装置不起作用

1）相序接反

相序接反时，上行程限位装置起不到限制上升的作用，而限制了提升机向下运行。更改相序。

2）限位开关碰不到限位挡块

调整二者之间的相互位置，使之有效接触。

3）限位开关失灵或损坏

修复或更换限位开关。

4）上行接触器粘连

修复或更换接触器。

8. 安全锁失灵或失效

1）安全锁锁绳距离或锁绳角度过大

(1) 锁绳机构磨损过度。应更换磨损超标的零件。

(2) 触发机构不灵活。应拆洗内部。

(3) 钢丝绳表面沾油。应清除油污。

2）安全锁不锁绳

(1) 预紧弹簧失效或损坏。应更换弹簧。

(2) 触发机构卡住。应进行修复。

(3) 锁内污物或油泥过多。应拆洗清除。

注意：安全锁失灵或失效后，必须送回制造厂进行修复并且重新标定。

9．提升机经常卡绳

(1) 选用钢丝绳的结构不合理或钢丝绳缠绕不紧或局部笼状或死弯等缺陷。应更换成优质钢丝绳。

(2) 钢丝绳内存在较强的扭转应力。应将钢丝绳退出提升机，然后使其自然悬垂，充分释放钢丝绳内部的扭转应力。

(3) 钢丝绳上粘有涂料、水泥、胶粘剂或堵缝剂等附着物。应及时清除。

(4) 提升机内钢丝绳通道不顺畅。应查明具体部位并排除故障。

(5) 导(分)绳块磨损严重，导致导(分)功能减弱或丧失。

2.2.8 高处作业吊篮日常检查表

高处作业吊篮日常检查表见表 2-1。

高处作业吊篮日常检查表 **表 2-1**

设备编号： 检查日期： 年 月 日

序号	检查部位	检查项目	检查情况
1	电气系统	各插头与插座是否松动	
		保护接地和接零是否牢固	
		电源电缆的固定是否可靠，有无损伤	
		漏电保护开关是否灵敏有效	
		各开关、限位器和操作按钮动作是否正常	
2	悬挂机构	前后支架安装位置是否被移动	
		配重块是否缺损、码放是否牢靠、是否固定	
		紧固件和插接件是否齐全、牢靠	
		加强钢丝绳有无损伤或松懈现象	
3	钢丝绳	有无断丝、毛刺、扭伤、死弯、松散、起股等缺陷	
		局部是否附着混凝土、涂料或粘结物	
		接头绳夹是否松动，钢丝绳有无局部损伤	
		上限位止挡和下端绳坠铁是否移位或松动	
4	安全带及安全保险绳	安全带的自锁器安装方向是否正确	
		安全保险绳有无断丝、断股或松散现象	
		接头连接处及固定端是否牢固可靠	
5	安全锁	动作是否灵敏可靠	
		锁绳角是否在规定范围内或快速抽绳是否锁绳	
		与吊架连接部位有无裂纹、变形、松动	

续表

序号	检查部位	检查项目	检查情况
6	提升机	运转是否正常，有无异响、异味或过热现象	
		制动器有无打滑现象；摩擦片间隙是否符合说明书要求	
		手动滑降是否灵敏有效	
		润滑油有无渗、漏，油量是否充足	
		与吊架连接部位有无裂纹、变形、松动	
7	悬吊平台	有无弯扭或局部变形，焊缝有无裂纹	
		紧固件和插接件是否完整	
		底板、护板和栏杆是否牢靠	

操作人员：　　　　　　　　　　　　负责人：

2.2.9　高处作业吊篮安装检查验收表

高处作业吊篮安装检查验收表见表 2-2。

高处作业吊篮安装检查验收表　　　　**表 2-2**

记录编号：　　　　　　　　　　　　安装时间：

工程名称			施工地点		
安装单位			安装人员		
使用单位			设备编号		
吊篮型号		平台长度	m	额定载重量	kg
检验部位	检验项目		要求及标准值		检验结果
悬挂机构和悬吊平台	外观(变形、裂纹、锈蚀)情况		不超标、无裂纹		
	零部件安装		齐全、到位		
	紧固件、插接件		齐全、牢靠		
	吊点间距误差		≤50mm		
	前梁外伸距离及前、后支架间距		符合《吊篮使用说明书》规定		
	配重数量或重量		符合《吊篮使用说明书》规定		
	横梁前后高度差		前端高不大于 2%梁长		
	加强钢丝绳张紧程度		符合《吊篮使用说明书》规定		
钢丝绳和安全绳	规格、型号、特性		符合《吊篮使用说明书》规定		
	外观(断丝、磨损、局部缺陷)		不超标		
	绳端固定		符合标准、无局部损伤		
	表面附着物情况		不允许明显存在		
	上端限位挡块及下端绳坠铁安装情况		齐全、牢靠		
提升机和安全锁	外观		无裂纹、无明显变形		
	渗、漏油情况		无漏油及明显渗油		
	技术状况		检修合格，在标定期内		
	与吊架连接情况		正确、可靠、螺栓合格		

续表

检验部位	检验项目		要求及标准值	检验结果
电气系统	电缆线外观及固定情况		无破损、无明显变形	
	绝缘电阻		≥2MΩ	
	接地电阻		≤4Ω	
	元器件		灵敏、可靠	
	行程限位装置		正常、有效	
运行试验	空载	平台升至 1m，查相序、制动、悬挂	正常、有效	
	额定载重量	平台升至 1m，查制动、安全锁、悬挂	正常、有效	
		平台升至 2m，查手动滑降	正常、有效	
		平台升至顶部，查上行程限位装置	灵敏、可靠	
验收结论			验收负责人(签字)	

2.3 高处作业吊篮安全操作规程

2.3.1 高处作业吊篮安全操作基础规程

1. 对操作人员的基本要求

(1) 年满 18 周岁，初中(含)以上文化程度。

(2) 无不适合高处作业的疾病和生理缺陷。

(3) 必须经过吊篮操作安全技术培训，经考核合格，并取得特种作业操作证，持证上岗操作。

(4) 作业前必须学习和掌握《吊篮使用说明书》的内容和规定。

(5) 作业时应戴安全帽、佩安全带、穿防滑鞋等劳动保护用品。

(6) 酒后、过度疲劳及身体或情绪异常者不得上岗。

(7) 发现事故隐患或不安全因素时，操作人员有责任要求领导采取安全保护措施。

(8) 对于违章指挥或强令冒险作业，操作人员有权拒绝执行。

2. 对操作环境的基本要求

(1) 正常工作环境温度：－20～＋40℃。

(2) 正常工作环境相对湿度：不大于 90％(25℃)。

(3) 正常工作处阵风风速：不大于 8.3m/s(相当于 5 级风力)。

(4) 正常工作地点高度：不大于海拔 1000m。

(5) 正常工作电压偏差：不大于±5％额定电压。

(6) 正常夜间工作照度：不小于 150lx(勒克斯)。

(7) 在吊篮运行范围内，必须与高压线或高压装置保持 10m 以上安全距离。

(8) 在吊篮作业下方，应设置警示线或安全保护栏。必要时设置安全警戒人员。

3. 对设备的基本要求

(1) 各部件完好无损，在规定使用期内或有效标定期内。

(2) 设备维护保养及时、到位。整机处于良好技术状态。

(3) 安装符合规定要求。

(4) 电气系统接地良好、绝缘可靠。

2.3.2 高处作业吊篮作业准备阶段的安全操作规程

(1) 认真查阅交接班记录。

(2) 按《吊篮班前检查项目表》逐项检查吊篮技术状况。检查中发现问题必须及时解决或上报领导。确认无问题后，由操作人员填表并签字，然后交主管领导审批签字后，方可上机操作。

(3) 检查悬吊平台运行范围内有无障碍物。

(4) 将悬吊平台升至离地1m处，检查制动器、安全锁和手动滑降装置是否灵敏、有效。

2.3.3 高处作业吊篮作业阶段的安全操作规程

(1) 禁止一人单独上篮操作。

(2) 操作人员必须从地面进出悬吊平台。在未采取安全保护措施的情况下，禁止从窗口、楼顶等其他位置进出悬吊平台。

(3) 作业时必须精神集中，不准做有碍操作安全的事情。

(4) 不准将吊篮作为垂直运输设备使用。

(5) 严禁超载作业。

(6) 尽量使载荷均匀分布在悬吊平台上，避免偏载。

(7) 当电源电压偏差超过5%但未超过10%，或环境温度超过40℃，或工作地点超过海拔1000m时，应降低载荷使用，此时的载重量不宜超过额定载重量的80%。

(8) 禁止在悬吊平台内用梯子或其他装置取得较高的工作高度。

(9) 在悬吊平台内进行电焊作业时，不得将悬吊平台或钢丝绳当做接地线使用，并应采取适当的防电弧飞溅灼伤钢丝绳的措施。

(10)在运行过程中，悬吊平台发生明显倾斜时，应及时进行调平。

(11) 严禁在悬吊平台内猛烈晃动或做“荡秋千”等危险动作。

(12) 悬吊平台运行时，必须注意观察运行范围内有无障碍物。

(13) 电动机启动频率不得大于6次/min，连续不间断工作时间不得大于30min。

(14) 应经常检查电动机和提升机是否过热，当其温升超过65K时，应暂停使用提升机。

(15) 严禁固定安全锁开启手柄，人为使安全锁失效。

(16) 严禁在安全锁锁闭时，开动提升机下降。

(17) 严禁在安全钢丝绳绷紧的情况下，硬性扳动安全锁的开锁手柄。

(18) 悬吊平台向上运行时，严禁使用上行程限位开关停车。

(19) 严禁在大雾、雷雨或冰雪等恶劣气候条件下进行作业。

(20) 在作业中，突遇大风或雷电雨雪时，必须立即将悬吊平台降至地面，切断电源，绑牢平台，有效遮盖提升机、安全锁和电控箱后，方准离开。

(21) 运行中发现设备异常(如异响、异味、过热等)，应立即停车检查。故障不排除不准开车。

(22) 运行中提升机发生卡绳故障时，应立即停机排除。此时严禁反复按动升降按钮强行排险。

(23) 发生故障，应请专业维修人员进行排除。安全锁必须由制造厂维修。

(24) 在运行过程不得进行任何保养、调整和检修工作。

2.3.4 高处作业吊篮作业后的安全操作规程

(1) 切断电源，锁好电控箱。

(2) 检查各部位安全技术状况。

(3) 清扫悬吊平台各部。

(4) 妥善遮盖提升机、安全锁和电控箱。

(5) 将悬吊平台停放平稳，必要时进行捆绑固定。

(6) 认真填写交接班记录及设备履历书。

2.4 高处作业吊篮安全技术管理

2.4.1 高处作业吊篮日常使用注意事项

(1) 严格执行日常维护与保养制度。

(2) 使用前按规定进行全面检查，并严格履行书面签字手续。

(3) 上机前按规定佩带安全防护用品。

(4) 操作时遵章守纪，精神集中。

(5) 作业结束后，按规程做好收工工作。

2.4.2 高处作业吊篮施工现场安全管理

(1) 吊篮进入施工现场时必须办理清理交接手续，无相关资质的或不合格的吊篮不准进场。

(2) 施工现场必须指定专职安全员负责吊篮的安全管理工作，及时纠正和制止违章操作。

(3) 必须由具有资质的吊篮专业维修安装人员严格按《吊篮安装施工方案》，指导吊篮的安装、移位和拆卸工作。

(4) 安装或移位后的吊篮，必须经过相关人员检查验收并履行签字手续后，方可投入使用。

(5) 吊篮的操作人员必须经过严格的三级安全教育，并且持证上岗。

(6) 专业维修安装人员须严格执行巡检制度，防微杜渐，及时排除设备故障和事故隐患。

(7) 严格执行三级维护与保养制度，使吊篮设备始终处于良好的安全技术状态。

2.4.3　高处作业吊篮规范化管理与安全使用

1）在签订吊篮租赁合同的同时，应签订《吊篮租赁安全协议书》，明确相关各方的安全职责。

2）在编制《吊篮安装施工方案》时，必须按照《吊篮安装、拆卸、维修施工方案编制及审批程序》规定，严格履行审批手续。

3）《吊篮安装施工方案》的调整与变更，必须严格履行《吊篮安装施工方案》变更程序。

4）吊篮租赁企业和使用吊篮的施工企业应建立健全下列规章制度：

(1)《施工安全岗位责任制》；

(2)《吊篮质量安全控制制度》；

(3)《施工人员安全教育与考核制度》；

(4)《施工人员劳动防护用品发放与穿戴规定》；

(5)《吊篮安全技术资料档案管理制度》；

(6)《吊篮安装、拆卸、维修安全技术规程》；

(7)《吊篮维护、保养及检修制度》；

(8)《吊篮安装、拆卸、维修质量与安全检查、考核、管理制度》

(9)《吊篮紧急情况下的应急预案》；

(10)《吊篮安全事故应急救援预案》。

2.4.4　高处作业吊篮维修、保养规程与要求

1. 高处作业吊篮维修与保养分级

高处作业吊篮的维修与保养执行三级维修与保养制度，即：日常保养(一级保养)，定期检修(二级保养)，定期大修(三级保养)。

2. 日常保养(一级保养)

1）责任人：使用吊篮的操作者。

2）保养周期：每班进行一次。

3）内容：按本书“2.2.6 中 1. 吊篮的日常维护与保养”介绍的内容，重点进行清洁、紧固和润滑等工作。

4）要求：

(1) 每班作业前，操作人员按《高处作业吊篮日常检查表》的内容逐项进行认真仔细的检查。

(2) 在检查中发现问题应及时解决。需要专业维修人员修理或排除的故障，应及时上报主管领导，不得带着隐患冒险作业。

(3) 检查后，由操作人员如实填写《高处作业吊篮日常检查表》。

(4) 操作人员签字，交主管领导或负责人审查签字确认后，方可上机操作。

(5) 每班结束作业后，应拉闸断电，然后按 2.2.6 中 1.“吊篮的日常维护与保养”的内容进行保养。

(6) 对提升机、安全锁和电控箱进行妥善遮盖，避免雨水、杂物等侵入机体。

(7) 由操作者填写《吊篮日常维护与保养记录》。

3. 定期检修(二级保养)

1) 责任人：专业维修人员。

2) 检修周期：

(1) 连续施工作业的吊篮，视其作业频繁程度，1～2 月进行一次定期检修。每天双班作业的每月一次，单班作业的每两月一次。

(2) 间断施工作业的吊篮，累计作业 300h 进行一次定期检修。

(3) 完成项目拆卸后，对各总成进行一次定期检修。

(4) 停用一个月以上，再次使用前，进行一次定期检修。

3) 检修内容：按本书“2.2.6 中 2. 吊篮的定期检修”介绍的内容，重点进行检查、修复、紧固、调整和润滑等工作。

4) 要求：各部件状态与性能完好，满足正常与安全使用要求。

4. 定期大修(三级保养)

1) 责任人：具备大修条件的吊篮专业制造厂。

2) 检修周期：

(1) 使用期满 1 年；

(2) 累计工作满 300 个台班；

(3) 累计工作满 2000h；

(4) 满足上述条件之一者，应进行大修。

3) 大修内容：按本书“2.2.6 中 3. 吊篮的大修”介绍的内容，进行全面的检查、测量、调整、换油、换件、修复和防腐等工作。

4) 要求：各部件状态与性能完好，整机恢复到符合大修合格出厂检验的要求。

2.5 高处作业吊篮典型事故案例分析

2.5.1 违章安装造成的伤亡事故

1. 案例一

1) 事故简介

2000 年，在北京市某小区住宅楼施工现场，一台吊篮悬挂机构的两根前梁与中梁在连接处折断，连同悬吊平台从高约 15m 处坠落到三层楼顶板上。

2) 事故直接原因分析

(1) 采用 ZLP500 型悬挂机构，擅自混装另一企业制造的 ZLP800 型吊篮，为超载使用埋下隐患。

(2) 未安装悬挂机构的前支架，为横梁因扭转而失稳埋下隐患。

(3) 横梁外伸尺寸超过使用说明书的规定，为横梁失稳折断埋下隐患。

(4) 前、中、后横梁之间的连接螺栓以小(M8)代大(M12)，为横梁最终从连接处被切断埋下隐患。

(5) 悬挂机构吊点间距与平台吊点间距之差高达 650mm，为横梁发生扭转提供了横向干扰力。

(6) 作业时严重超载，为横梁失稳折断提供了动力。

3) 从中吸取的经验教训

(1) 本事故是因多处违章安装吊篮造成的，由吊篮租赁公司负全责。擅自混装吊篮而且多处违章安装的现象，充分反映出该公司安全管理混乱。为确保吊篮安全使用，吊篮租赁企业必须建立全方位的安全管理规章制度，并且将制度落到实处。

(2) 因为吊篮安装维修人员的工作关系着吊篮使用者的生命，所以必须经过专业安全技术培训，并且持证上岗，以提高质量与安全意识及专业技术水平。

(3) 必须严格按照《吊篮使用说明书》和相关标准规定进行吊篮安装，杜绝违章安装。

2. 案例二

1) 事故简介

2000 年，在北京市某小区住宅楼，正在进行外墙粉刷作业的一台吊篮，从 10 层楼处坠落。操作人员随悬吊平台一同坠落到一层裙楼顶上，悬挂机构则翻落到楼前小花园中。

2) 事故直接原因分析

(1) 吊篮悬挂机构的前支架安装在女儿墙外的挑檐外侧，未采取任何加固、稳定措施，为前支架因晃动而翻倒埋下隐患。

(2) 前支架超过极限高度安装，增加了悬挂机构的不稳定性。

(3) 悬挂机构的横梁与前支架连接处的 4 条螺栓，少安装了 2 条，降低了悬挂机构的整体连接强度。

(4) 配重未与后支架进行可靠连接，为悬挂机构翻出女儿墙埋下隐患。

(5) 操作人员在悬吊平台上采用"荡秋千"的方式，企图粉刷在正常情况下刷不到的区域，为事故点燃了导火索。

(6) 在平台横向扰动力的作用下，处于非稳定状态的前支架首先翻倒，然后带动横梁和后支架移位；在甩掉未固定的配重之后，悬挂机构翻出女儿墙坠落。

3) 从中吸取的经验教训

(1) 这起事故的根源在于违章安装。安装人员超限接高前支架，并且少装连接螺栓，是明显的违章安装。这表明安装者不但缺乏安全意识，而且不顾安全规程，是典型的冒险作业，必须进行严厉查处。

(2) 前支架安装在女儿墙外，未采取加固稳定措施；配重未与后支架连接，表明安装人员缺乏相关的专业知识和安全常识，应加强专业培训与管理。

(3) 这起事故的诱发原因在于违章操作。操作人员在悬吊平台上"荡秋千"或采用垫脚物扩大操作范围等，都是非常危险的操作方式，需引起吊篮使用企业和操作人员的高度重视，应当坚决杜绝。

3. 案例三

1) 事故简介(图 2-4)

图 2-4 北京某商场事故现场

2007年，在北京市某商场南侧，一台吊篮正在约30多米的高空施工，一侧悬挂机构前梁突然弯曲，致使悬吊平台严重倾斜。在平台上作业的工人因系有安全绳，没有发生意外。事发40min后，救援人员才将工人营救出吊篮。

2）事故直接原因分析

事故原因是由于该建筑外部结构不规则，在安装时，悬挂机构的横梁外伸长度超过极限尺寸规定，以至在吊篮满载运行时，横梁突然发生弯曲。

3）从中吸取的经验教训

(1) 在吊篮安装时，标准横梁的外伸尺寸绝对不得超过设备使用说明书所规定的极限尺寸。

(2) 在需要超出设备使用说明书所规定的极限尺寸时，必须经过专业技术人员设计计算后，对标准横梁采取加强措施或采用专用加长横梁进行安装；相关专业技术人员必须对此负责。

(3) 这起事故之所以未发生人员伤亡，完全是因为上平台作业的工人严格遵守安全操作规程，系有安全保险绳。

2.5.2 安装、移位后不检查导致的平台坠落事故

1. 案例一

1）事故简介

2000年，在北京市某综合楼，一台新安装的吊篮，在三名操作者操作悬吊平台升至高约20m处时，一侧悬挂机构翻出，引发悬吊平台坠落，造成伤亡事故。

2）事故直接原因分析

(1) 安装后，在一侧悬挂机构的后支架上，用于连接上、下两部分的两根销轴都未穿上。

(2) 受力后，未穿销轴一侧的悬挂机构被拔出，在其坠落冲击之下，悬吊平台另一侧安装架被撕断，致使悬吊平台整体坠落。

3）从中吸取的经验教训

(1) 安装人员安全意识差，责任心不强，对关键部位的安装缺乏足够的重视，应对这起事故负有安装责任。

(2) 吊篮安装完毕，安全员未进行检查验收，就投入使用。专职安检员，未履行安全检查的职责，对这起事故负有重大责任。

(3) 该吊篮租赁企业虽然制定了吊篮安装后的安全检查制度，并且在施工现场指派了安检员，但对安检员的选定和教育负有失察和管理责任。

2. 案例二

1）事故简介

2003年，在北京某开发区施工现场，两名操作工人开动吊篮上升到10层时，悬吊平台一侧突然下沉，造成平台倾翻，一名工人坠落地面死亡，另一名工人因系安全带保住性命。

2）事故直接原因分析

(1) 经事故调查，此吊篮由于工作位置变动，进行了移位安装。安装后未经检查验收便投入使用。

(2) 由于一侧悬挂机构的后支架立柱的连接销轴未安装，从而导致悬吊平台倾翻。

3）从中吸取的经验教训

（1）与案例一相同，对这起事故安装人员负有安装责任，安全员负有未履行安全检查职责的重大责任，租赁企业负有管理责任。

（2）未系安全带者坠地死亡，系安全带者保住性命。再次用鲜血和生命证明系安全带的重要性。

2.5.3　使用前不检查导致的平台坠落事故

1. 案例一

1）事故简介

2003年，南通某建筑公司在河南省信阳市某综合楼施工现场更换一块中空玻璃时，发生一起吊篮高处坠落事故，致使操作工人高处坠落，当场全部死亡。

2）事故直接原因分析

（1）经事故勘察发现，应配有36块（共计900kg重）配重的悬挂机构上，实际上只剩下4块（100kg）配重，造成悬挂机构因配重压力不够，失去平衡，导致悬吊平台倾斜。

（2）作业人员均未按规定系上安全带。

3）从中吸取的经验教训

（1）吊篮国标规定“每天工作前应经过安全检查员核实配重和检查悬挂机构”。由于作业人员未严格执行国标规定的安全操作规程，因此未能及时发现这一致命的事故隐患。

（2）由于作业人员未按要求设置安全绳，系牢安全带，以致在平台倾斜时坠地身亡。

（3）吊篮施工企业应加强安全施工管理工作，必须将安全操作规程落到实处。

2. 案例二

1）事故简介（图2-5）

2004年，在福州市某酒店施工现场，正在施工中的吊篮平台突然失衡，一人抱住平台护栏，被救上了楼顶，受轻伤。另一人从高空坠地，不幸身亡。

图2-5　福州市某酒店事故现场

2）事故直接原因分析

（1）事故调查发现，由于一侧悬挂机构的后支架立柱上的两条连接螺栓不翼而飞，作业人员在操作前未作检查。当二人开动吊篮升到十余米高处时，一侧的悬挂机构被拔出，造成平台倾斜。

（2）作业人员未遵守安全操作规程设置安全绳、系牢安全带。

3）从中吸取的经验教训

经验教训与上一案例相同。

2.5.4　违反安装拆卸安全操作规程导致的人员坠落伤亡事故

1. 案例一

1）事故简介

2002年，在北京市某住宅小区，在拆卸吊篮时，一安装人员连人带钢丝绳及悬挂横梁一起从33层楼顶平台处坠落地面，当场死亡。

2）事故直接原因分析

该安装人员违反了“在高处临边作业时必须系安全带”的安全操作规程。

3）从中吸取的经验教训

（1）安装拆卸人员在上岗前应进行严格的安全技术培训，掌握必要的安全知识，提高安全意识。

（2）施工企业应该加强对施工安全的监管工作。

2. 案例二

1）事故简介

2000年，在某小区施工现场，一台吊篮在平台升至离地约20m时，突然一侧悬挂机构的横梁被拔出，致使平台单侧悬挂，倾斜在空中。所幸三名工人死命抓住护栏，由大楼的第7层窗户爬进楼内逃生。

2）事故直接原因分析

（1）安装人员违反拆卸程序，在拆卸吊篮时，既未事先切断电源，又未将钢丝绳从提升机和安全锁中退出，便先行将楼顶悬挂机构的连接螺栓松开了。

（2）在设备拆卸时既未设置相关标志，又未通知相关人员，致使地面上的三名工人贸然进入悬吊平台进行操作，造成一侧悬挂机构的横梁被拔出。

3）从中吸取的经验教训

（1）吊篮施工企业不仅需要制定完备的系列安全施工规章制度，而且必须制定确保吊篮安全施工的各类安全技术规程。

（2）企业在制定的吊篮安装拆卸安全操作规程中，不仅需要规定具体的安装与拆卸程序，而且需要明确规定相关安全防护措施，切实做到“三不伤害”（即不伤害自己，不伤害他人，不被他人所伤害）。

3. 案例三

1）事故简介

2009年，在武汉市某工地，安装工人在32层楼顶安装吊篮时，在楼顶边沿处被楼板上的钢丝绳绊倒，从楼顶坠落。在慌乱中，该工人一把拽住升降吊篮用的钢丝绳，从高空坠落至一楼雨棚上，靠钢丝绳和雨棚的缓冲作用，才奇迹般保住性命。

2）事故直接原因分析

（1）这起事故从表面看，是因为工人在安装施工中不小心，被钢丝绳绊了一下引起的。但本质上是因违反安全操作规程未系安全带所造成的。

（2）当时由于工期紧，天气十分炎热，施工人员处于极度疲惫状态进行施工，导致注意力不集中，而引发事故。

3）从中吸取的经验教训

（1）安装人员必须严格遵守“在高处临边作业时必须系安全带”的安全操作规程。

（2）施工企业不得违反“高处作业人员不得在过度疲劳时进行操作”的安全操作规程。

2.5.5 因钢丝绳绳夹固定不牢致使平台坠落造成的伤亡事故

1. 案例一

1）事故简介(图 2-6)

2004 年，某装饰工程有限公司在大连市某商场工地施工。三名工人正在进行外墙大理石干挂作业，吊篮一侧的提升钢丝绳突然从固定的绳夹内被“抽签”，造成吊篮平台倾斜坠地，三名作业人员随平台一起坠地受伤。在吊篮平台坠地时，楼内进行装修作业的一名工作人员恰好从楼内出来，被平台砸中头部(没有戴安全帽)，经抢救无效死亡。

图 2-6 大连市某商场事故现场

2）事故直接原因分析

(1) 事故的直接原因是，装饰公司没有按使用说明书规定的方法进行吊篮安装。工作钢丝绳和安全钢丝绳的绳端未固定牢固，致使钢丝绳在绳夹处松脱，被抽出，导致吊篮一端坠地，造成作业人员伤亡。

(2) 施工现场存在立体交叉作业情况，在吊篮施工的下方未设置安全防护区，造成坠落的平台砸死其他人的恶性事故发生。

3）从中吸取的经验教训

(1) 施工企业必须加强对现场的施工安全管理工作，杜绝在垂直面内进行交叉作业。

(2) 钢丝绳绳端的固定是至关重要的安全环节，必须严格按照标准和说明书的规定进行钢丝绳的绳端固定，并且还要定期检查其紧固情况。

2. 案例二

1）事故简介(图 2-7)

2008 年，武汉市某商场工地发生惊险一幕：吊篮在下降中，因钢丝绳脱落，悬吊平台一端突然歪向地面，随即倾覆，操作工人瞬间从高空坠至地面。

图 2-7 武汉市某商场事故现场

2）事故直接原因分析

事故原因是，固定吊篮钢丝绳的绳夹松动，导致钢丝绳被抽出。

3）从中吸取的经验教训

必须严格按照标准和说明书的规定进行钢丝绳的绳端固定，并且还要定期检查其紧固情况。

3. 案例三

1）事故简介(图 2-8)

2009 年，在山东省胶南市某居民楼施工现场，三名工人正在吊篮内为外墙安装瓷砖时，因固定吊篮的一根钢丝绳忽然脱落，平台悬在半空中，三名工人当即从10余米高空坠落，事故造成两死一伤。

2）事故直接原因分析

这起事故之所以会发生，仍是由于钢丝绳的绳夹固定不牢所造成的。

3）从中吸取的经验教训

与上一事故相同。

2.5.6 安全绳未独立悬挂致使的人员坠落伤亡事故

1）事故简介(图2-9)

2009年，在北京市某商务楼工地，两名工人在大楼11层外的吊篮内作业，为玻璃外墙粘密封胶条时，固定在楼顶的悬挂机构突然脱落，两人随着吊篮坠下，当场身亡。

图2-8 山东省胶南市某居民楼事故现场

图2-9 北京市某商务楼事故现场

2）事故直接原因分析

(1) 本事故是因屋顶悬挂机构翻出，造成吊篮整体坠落的事故。

(2) 事故发生时，虽然设有安全大绳，而且两名工人均将安全带系在安全绳上，但是由于安全绳绑在了悬挂机构上，所以出事时，安全绳随悬挂机构一同坠落，没能起到安全保护作用。

(3) 事发后，公安部门介入调查得知，该工程由深圳某幕墙公司承包，并转包给山东某公司并涉及私刻公章，安装人员无资质等问题。

3）从中吸取的经验教训

(1) 安全大绳是确保吊篮作业人员生命安全的“救命绳”，因此吊篮国标准明确规定“吊篮上的操作人员应配置独立于悬吊平台的安全绳及安全带或其他安全装置”。

(2) 安全绳必须牢固地绑在楼顶的固定位置上，切勿绑在悬挂机构上。否则在悬挂机构倾覆时，安全绳形同虚设，起不到安全保护作用。

2.5.7 严重超载致使吊篮坠落发生的伤亡事故

1）事故简介

1998年，在北京市某工地，某装饰公司安排五人使用ZLP350型吊篮从一层往六层运送花岗岩石板。当载有五块石板的吊篮上升到第三层时，一侧的钢丝绳突然破断，致使悬吊平台一端坠落，平台中的两名工人，一人系了安全带受轻伤，另一人未系安全带摔到地面受重伤。

2）事故直接原因分析

(1) 事故的直接原因之一是超载。悬吊平台载有5块石板和2名操作工人，共重480kg(超载130kg)。

(2) 其次，使用早已磨损超标的钢丝绳，从而引发这起断绳事故。

3）从中吸取的经验教训

(1) 在吊篮使用中严禁超载运行。

(2) 禁止将吊篮作为垂直运输工具使用。

(3) 钢丝绳达到报废标准时，必须及时更换。

2.5.8 操作不当致使吊篮发生坠落事故

1. 案例一

1）事故简介

1998年，在北京市某工人施工现场，两名工人背向大楼墙面，边聊天边操作悬吊平台上升。当平台升至第七层时，被突出墙面的阳台挂住，操作人员却毫无知觉，继续操作平台上升，在提升机的牵引下，屋顶的悬挂机构被拽了下来，造成机毁人亡的恶性事故。

2）事故直接原因分析

显然，本事故是因操作人员违反“在操作吊篮时必须精神集中”的安全操作规程所造成的。

3）从中吸取的经验教训

(1) 生命是宝贵的，不能因一时麻痹大意造成人身伤亡。

(2) 安全操作规程是血的教训的总结，是生产实践的结晶，是科学规律的体现。切莫拿自己的鲜血和生命开玩笑。

2. 案例二

1）事故简介

2003年，湖北省黄石市某在建住宅楼突发惨剧：无证施工人员操作施工吊篮到第八层去施工。当吊篮升至八层楼时，竟然停不住车。二人惊慌失措，致使平台失控冲向顶部，继而拉断钢丝绳，在空中坠落。

2）事故直接原因分析

(1) 吊篮的电气控制系统发生故障，致使悬吊平台失控，造成了冲顶事故发生。

(2) 作业人员操作不当，在平台上升失控的情况下未及时按下急停按钮或关掉总电源开关。

3）从中吸取的经验教训

(1) 应该定期对设备进行检查和维护与保养工作，及时消除故障隐患。

(2) 作业人员应进行安全技术培训，持证上岗。

(3) 作业人员必须熟练掌握设备的应急操作技能，避免在意外发生时惊慌失措，丧失紧急避险的时机。

2.5.9 不系安全带在平台坠落时造成的伤亡事故

1）事故简介

案例一

2000年，在哈尔滨某大厦主楼施工现场，吊篮一侧钢丝绳突然断裂，致使平台大角度倾斜，四名施工人员均未系安全带，坠落后造成伤亡。

案例二

2003年，沈阳工程施工中，两名作业人员乘吊篮在约10m高的外墙作业时没系安全带，致使在吊篮一侧钢丝绳脱落时坠地身亡。

案例三（图2-10）

2007年12月24日，在青岛市某高层建筑工地上，悬吊在五楼外墙上的吊篮一侧的钢丝绳突然断裂，站在吊篮内干活的工人随即从吊篮内坠落至地面。

图2-10 青岛市某高层建筑事故现场

2）事故直接原因分析

在上述三例事故案例中，虽然引发平台倾斜或坠落的原因各不相同，但是全部因为违反了吊篮国标中关于“高处作业必须系安全带”的安全操作规程，以致发生高空坠落伤亡事故。

3）从中吸取的经验教训

（1）作业人员应当珍惜自己的生命，严格执行国家关于劳动保护的各项规定。

（2）施工企业必须不折不扣地严格要求并且监督员工执行国家关于劳动保护的各项规定。

2.5.10 违章进入吊篮平台导致的高处坠落伤亡事故

1）事故简介

案例一

2001年，在北京市某工地，一名工人由11层窗口爬进吊篮平台时，不慎坠地身亡。

案例二

2005年，在北京市某工地，工人在吊篮内进行打孔作业后，从悬吊平台跨进五楼窗台时，不慎坠落至地面，经抢救无效死亡。

案例三

2007年，在上海市某工地，一名工人爬出吊篮平台，试图手持吊篮安全绳爬下二楼，结果，绳索突然断裂，工人从6m高空坠落在地，造成股骨骨折。

2）事故直接原因分析

在上述三例事故案例中，坠地伤亡者全部违反了“操作人员必须从地面进出悬吊平台。在未采取安全保护措施的情况下，禁止从窗口、楼顶等其他位置进出悬吊平台”的安全操作规程。

3）从中吸取的经验教训

（1）安全操作规程是强制性的。它既要靠企业加强管理强制执行，更要靠参与者自觉执行。

（2）生命是最宝贵的，切莫图一时的省事，而失去最宝贵的生命。

2.5.11 人为使安全锁失效致使平台自由坠落造成的伤亡事故

1）事故简介（图 2-11）

2005 年，在沈阳市某在建大厦工地，幕墙公司的五名工人正在安装玻璃。吊篮钢索突然断裂，平台一端悬空，三人由吊篮中被甩出，二人获救。

2）事故直接原因分析

（1）事后调查发现，该吊篮的工作钢丝绳早已超过报废标准，其局部已严重变形，导致被提升机挤断。

（2）最致命的是，安全锁被人为捆住，在关键时刻丧失安全保护作用。

3）从中吸取的经验教训

（1）设备的日常检查至关重要，钢丝绳等关键构件必须检查到位。

（2）钢丝绳到达报废标准时，必须及时坚决予以更换，决不能存在侥幸心理，安全第一要牢记。

（3）无知者无畏，连安全锁这种至关重要的安全部件都敢人为使之失效，实为愚昧。据业内调查发现，这种现象并不罕见。吊篮作业是危险性极大的作业方式，是容不得无知者开玩笑的，吊篮施工企业必须严加管理。

图 2-11 沈阳市某在建大厦事故现场

2.5.12 歪拉斜挂致使的平台坠落事故

1）事故简介

2002 年，在上海市某大厦幕墙工程施工现场，幕墙公司的三名作业人员操作吊篮安装幕墙玻璃。由于吊篮的中心位置距玻璃的安装中心位置尚差 3m，于是操作人员斜拉吊篮平台勉强进行安装。结果导致平台坠落和伤亡事故。

2）事故直接原因分析

（1）该吊篮在移位安装时，悬挂机构的配重块未固定牢固。

（2）在安装后又未进行检查确认。

（3）在使用中歪拉斜挂，造成悬挂机构晃动，致使未固定的配重块脱落，引发悬挂机构整体翻出屋顶。

3）从中吸取的经验教训

（1）吊篮安装必须符合《吊篮使用说明书》的要求，对悬挂机构的配重块要进行有效固定。

(2) 在安装后，必须按规定进行认真检查确认，避免因安装错误引发事故。

(3) 因为吊篮在设计悬挂机构时，未考虑使其承受较大的水平载荷；而对平台歪拉斜挂会产生很大的水平分力，极易使悬挂机构产生横向倾翻。所以在操作时必须严格禁止对平台歪拉斜挂。

2.5.13 钢丝绳断裂造成的人员坠落伤亡事故

1) 事故简介

案例一

2004 年，在洛阳市某幕墙安装工程现场，发生一起因钢丝绳断裂，致使高处作业吊篮倾覆的事故。经现场勘察，承载吊篮的钢丝绳锈迹斑斑，且多处破损。

案例二

2002 年，在上海市某大厦工地，三名施工人员操作吊篮安装玻璃时，吊篮的钢丝绳突然断裂，从距离地面 30 多米的地方掉下，造成伤亡事故，吊篮坠地后被摔成几段，将楼边的一辆金杯面包车砸扁。

案例三(图 2-12)

2010 年，在沈阳市某施工现场发生一起意外事故。一名工人在吊篮中工作时，一侧钢丝绳断裂，导致悬吊平台侧翻，工人受伤。

图 2-12 沈阳市某事故现场

2) 事故直接原因分析

在上述三例事故案例中，全部是因为钢丝绳断裂，造成吊篮平台倾斜或坠落，所引发的人身伤亡事故。

3) 从中吸取的经验教训

(1) 钢丝绳是吊篮的承载构件，必须对钢丝绳的安全使用予以足够的重视。

(2) 吊篮施工企业必须规定严格的钢丝绳检查制度，要求吊篮的操作人员必须坚持钢丝绳的日常检查工作，并且指派专业维修人员定期对钢丝绳进行全面检查。

(3) 对达到报废标准的钢丝绳，必须坚决予以报废，切莫存在侥幸心理。

2.5.14 配重未固定造成的悬挂机构坠落伤亡事故

1) 事故简介

案例一

2000 年，在北京市某大楼正在进行外墙粉刷作业的一台吊篮，从 10 层楼处坠落。这起事故的原因之一是：配重未与后支架进行可靠连接，在悬挂机构因前支架失稳翻倒时，带动横梁和后支架移位；在甩掉未固定的配重之后，悬挂机构翻出女儿墙坠落，造成惨剧的发生。

案例二

2002年，在上海市某大厦幕墙工程施工现场，作业人员在违章斜拉吊篮平台进行安装时，使悬挂机构产生晃动，致使未固定的配重块脱落，引发悬挂机构和吊篮平台坠落。该吊篮在移位安装后未经过验收确认，悬挂机构的配重未固定，安装不符合《吊篮使用说明书》要求，以致发生悬挂机构失稳倾覆事故。

2）事故直接原因分析

上述两例事故案例，全部是因为配重未牢固地固定在悬挂机构上，在吊篮晃动严重时，配重脱落，引发悬挂机构和平台坠落。

3）从中吸取的经验教训

悬挂机构是吊篮的基础结构件，是悬吊平台的“根”。杠杆平衡式悬挂机构，因转场移位方便，目前在国内被广泛采用。配重是杠杆平衡式悬挂机构赖以平衡的砝码，一旦缺失，悬挂机构必然倾翻无疑。为此，吊篮国标规定“每天工作前应经过安全检查员核实配重和检查悬挂机构”，各吊篮施工企业必须严格执行。

2.5.15 带故障冒险作业导致的平台高处坠落伤亡事故

案例一

1）事故简介

2005年，在包头市某高层建筑工地，项目施工员违章指挥工人无证启动电动吊篮上5层擦洗陶瓷锦砖墙面。提升机钢丝绳被卡住后，该工人强行打开提升机，使吊篮降到地面。之后，再次开动该吊篮去18层运钢管。钢丝绳突然断裂造成事故。

2）事故直接原因分析

(1) 施工员违章指挥无证人员使用存在严重故障的吊篮进行操作。

(2) 当吊篮再次升到已受压变形的钢丝绳处时，被提升机内的齿轮交叉旋转，挤断钢丝绳，造成事故。

3）从中吸取的经验教训

(1) 当提升机钢丝绳被卡住后，就应当及时请专业维修人员进行检修。彻底排除故障后，方可投入使用。

(2) 施工企业应当杜绝强令冒险作业现象。

(3) 操作人员为了生命安全，有权拒绝违章指挥。

案例二

1）事故简介(图2-13)

2010年，在西安市在建高层家属楼，正在作外墙保温施工的高处作业吊篮一侧钢丝绳突然断裂，造成坠落事故。

2）事故直接原因分析

在事故发生前两天，工人就发现吊篮西侧的钢丝绳有“咯吱咯吱”的异常声音，跟工地负责人说了两回，都未进行检修。结果有异常声音的一侧钢丝绳断了，引发事故。

3）从中吸取的经验教训

(1) 发现设备故障必须及时进行检修排除，否则酿成人员伤亡事故，属于企业领导的渎职。

图 2-13 西安市某在建高层家属楼事故现场

(2) 对漠视安全施工的责任人，应当进行严厉惩处，以儆效尤。

2.5.16 因钢丝绳长度不够致使平台坠落造成的伤亡事故

1) 事故简介

案例一

2009 年，在重庆市某施工现场，两名工人从五楼下降吊篮到三楼。当吊篮降到四楼时，因左侧的钢丝绳长度不够，致平台一侧脱落坠地。

案例二

2009 年，在上海市某施工现场，因钢丝绳长度不够，致平台一侧脱落坠地，所幸坠落高度不大，造成工人轻伤。

2) 事故直接原因分析

钢丝绳是吊篮运行的柔性轨道，轨道长度不够，设备必然出轨。

3) 从中吸取的经验教训

(1) 钢丝绳必须垂放至地面，属于吊篮施工的基本常识，但是竟然有人犯如此低级的错误。

(2) 应该以此为戒，杜绝其他难以想象的低级错误再发生。

2.5.17 因操作失误引发的吊篮伤亡事故

1) 事故简介

案例一

2004 年，在山东省潍坊市某学生公寓外墙面刮涂料时，因工人操作吊篮失误，使悬吊平台失去平衡。

案例二

2006 年，在青岛市某体育训练基地施工工地，两名工人在吊篮上给幕墙安装干挂预埋件。当吊篮下降到三层时，西侧钢丝绳在提升机内被卡住，两人操作失误，反复正反向开动提升机，致使钢丝绳断裂，造成吊篮倾斜。

2）事故直接原因分析

因为操作失误造成事故。

3）从中吸取的经验教训

（1）操作人员专业技术素质低下、安全意识淡薄，是吊篮操作的大忌，但这也是吊篮行业普遍存在的问题。

（2）吊篮施工企业必须高度重视提高员工职业素质的培训力度。目光要放长远些，要舍得在员工职业技能培训方面投入必要的资金和时间。

2.5.18 使用吊篮时触及高压线造成的人员受伤及大面积停电事故

1）事故简介

案例一

2006 年，在北京市某写字楼，清洁公司工人从楼顶放钢丝绳准备安装吊篮清洗外墙玻璃。当钢丝绳从楼顶放下时被大风刮到 110kV 的高压线路上，造成该线路跳闸；直接经济损失巨大。

案例二

2009 年，在海口市某大厦，一名装修工人正在高处作业吊篮中进行墙体粉刷作业的时候，一阵大风刮过，不慎触及万伏高压电线，当场被电晕，所幸经紧急抢救挽回了生命。但这次事故造成大面积停电，约万余户市民受到影响。

案例三(图 2-14)

2009 年，上海市某大楼，在外墙悬吊着的吊篮从二楼下降时，篮体发生晃动，不慎触碰到 10kV 的高压线，导致附近居民楼和办公楼停电。

图 2-14 上海市某大楼事故现场

2）事故直接原因分析

在上述三例事故案例中，全部是因为未按照吊篮国标规定的安全距离设置吊篮造成的。

3）从中吸取的经验教训

（1）吊篮国标明文规定“有架空输电线场所，吊篮的任何部位与输电线的安全距离不应小于10m。如果条件限制，应与有关部门协商，并采取安全防护措施后方可架设”。有悖标准的操作，说轻了是违章，说重了就是违法。

（2）给国家或地区造成如此巨大的经济损失，必然遭到法律的严惩。

2.5.19 吊篮施工下方未设警戒线平台坠落致他人伤亡事故

1）事故简介

案例一

2003年，在武汉市某大学，两名民工在距地面20m的高空进行墙面施工时，固定吊篮的挑梁突然脱落，造成坠落事故。

案例二

2004年，在大连市某建设工地，正在进行外墙大理石干挂作业的吊篮，一侧的提升钢丝绳突然从固定的绳夹内被“抽签”，造成吊篮平台倾斜坠地。砸死恰好从楼内出来的工人。

案例三

2005年，在广州市某建设工地，在八楼外墙施工的吊篮突然坠落，两名站在吊篮内的施工人员，一人坠地身亡，另一人被保险绳悬挂在空中。而坠落的吊篮将一名正在地面搞绿化的工人当场砸死。

案例四（图2-15）

2007年，在上海市某体育中心在建工地内，两名工人正在6m多高的吊篮上补装两块玻璃，突然悬挂吊篮的一侧的钢丝绳断裂，两名工人当场从6m高空坠落。因为在吊篮施工下方未设警示措施，坠落的平台将正在下方作业的另外三名工人砸成重伤。

图2-15　上海市某体育中心事故现场

2）事故直接原因分析

在上述四例事故案例中，伤亡全部是因为未按照吊篮安全操作规程的要求，在吊篮施工下方设置警示标志造成的。

3）从中吸取的经验教训

（1）加强施工现场的安全管理工作，杜绝立体交叉作业情况。

（2）必须在吊篮施工下方设置明显的警示标志或警戒区域。

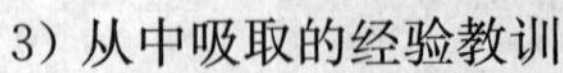

2.5.20 使用非法制造的简易吊篮导致的坠落伤亡事故

1）事故简介

案例一

2003 年，在青海省西宁市某综合楼粉刷外墙涂料时，使用未经设计计算的自制吊篮。直接将钢管插在屋面挑檐下当做设备挑梁，未采取任何有效的固定措施。由于挑梁锚固不合理，吊篮升降无安全绳，而且又未对操作人员进行培训和安全交底。施工时，工人在吊篮上摇晃摆动，导致钢管挑梁从屋面挑檐处滑出，造成吊篮倾覆。

案例二

2003 年，重庆市一栋在建楼房，五名民工站在八楼外侧的自制吊篮上贴外墙瓷砖。吊篮的绳子系在木制悬臂支架上。施工中，木制支架的悬臂突然断裂，吊篮往下坠落。

案例三

2004 年，山东省枣庄市某办公大楼在外墙抹灰过程中，瓦工不慎从 37m 高的自制简易高处作业吊篮上坠落地面。

2）事故直接原因分析

在上述三例事故案例中，全部是因为使用非法制造的“土吊篮”酿成的后果。

3）从中吸取的经验教训

（1）高处作业吊篮属于载人悬吊作业的高空作业设备，是危险性极大的施工设备。施工单位必须使用按照《高处作业吊篮》GB 19155—2003 进行设计、制造、检测和检验的正规企业生产的合格产品。

（2）非法制造的“土吊篮”既无专业工程技术人员进行设计，又无专业制造企业进行制造，更无专业检验检测设备进行检验，再加上必备的安全装置不齐全，不发生事故则纯属侥幸。奉劝冒险使用“土吊篮”的企业，投些资购买正规制造企业的合格吊篮，才是长久之计。

3 擦窗机

3.1 《擦窗机》GB 19154—2003 条文释义与应用

《擦窗机》GB 19154—2003(以下简称“擦窗机国标”)于 2003 年 5 月 23 日发布，自 2003 年 11 月 1 日起开始实施。

擦窗机国标发布实施八年以来，对统一和规范擦窗机产品的设计、制造、试验、检测、检查及操作、维护等各个方面都起到了明确有效的指导作用；对擦窗机行业的健康有序发展起到了强有力的推动作用。

3.1.1 标准的基本结构与性质

擦窗机国标是一个强制性国家标准。按照擦窗机国标的定义，擦窗机是用于建筑物或构筑物窗户和外墙清洗、维护等作业的常设悬吊接近设备。所谓“擦窗机”，是国内习惯的简称，严格地讲是不准确的，在国际上各种称呼也不一，英国和我国香港等地称为“吊船”(Gondola)，美国称为“建筑物室外维修用动力平台”(Powered Platform for Enterior Building Maintenance)，澳大利亚的一些地区称之为“建筑物维修设备”(Building Maintenance Units)，虽然称呼不一，但功能都是用来清洗、维护和装修建筑物饰面的。擦窗机是在高处作业吊篮的基础上发展起来的建筑物外墙清洗、维护和装修的专用设备，擦窗机和高处作业吊篮产品最大的不同是擦窗机需要根据建筑物的高度、立面及楼顶结构、承载、设备行走的有效空间进行单独设计，并且是长期安装在建筑物上的常设设备。由于擦窗机是高空载人升降作业设备，因此，对该设备的设计、生产、检验、使用都有很高的安全要求。

擦窗机国标为了与国际接轨，在结合本国国情的基础上，尽量吸收引用先进国家的标准，在一些关键条款上参照了欧洲标准《悬吊接近设备》prEN 1808：1999 和美国标准《建筑物维护用动力悬挂吊船的安全条件》ANSIA 120.1：1992。

根据我国《标准化法》规定：“国家标准、行业标准分为强制性标准和推荐性标准。保障人体健康、人身、财产安全的标准和法律、行政法规规定强制执行的标准是强制性标准，其他标准是推荐性标准”，擦窗机国标属于强制性标准。为了突出直接保障人体健康、人身、财产安全的条款，在擦窗机国标的上百条条款中，专门设置了 20 条强制性条款，其他为推荐性条款。

3.1.2 标准的定量规定条款

1. 标准规定的定量设计参数

(1) 制动距离——后备制动器(或超速保护装置)必须独立于主制动器，在主制动器失效时能使吊船在 1m 的距离内可靠地停住。

(2) 卷扬机构卷筒两侧缘的高度——对于多层缠绕的卷筒，在吊船处于最高位置时，卷筒两侧缘的高度应超过最外层钢丝绳，其超出高度不应小于钢丝绳直径的 2.5 倍。

(3) 卷筒上的钢丝绳安全圈——在吊船至最低位置时，卷筒上的钢丝绳安全圈数不应少于三圈；在保留三圈的状态下，应能承受 1.25 倍钢丝绳的额定拉力。

(4) 卷筒的最小卷绕直径——为钢丝绳直径的 19 倍；当采用电缆芯钢丝绳时，卷筒直径不小于 22 倍钢丝绳直径。

(5) 滑轮最小卷绕直径——不小于钢丝绳直径的 15 倍；当采用电缆芯钢丝绳时，滑轮最小卷绕直径不小于钢丝绳直径的 22 倍。

(6) 钢丝绳绕进或绕出滑轮时偏斜的最大角度——不应大于 4°。

(7) 滑轮槽深——不应小于钢丝绳直径的 1.5 倍。

(8) 滑轮上防止钢丝绳脱槽装置与滑轮最外缘的间隙——不得超过钢丝绳直径的 1/5。

(9) 平台尺寸——吊船内工作宽度不应小于 0.4m，并应设置防滑底板，底板有效面积不小于 $0.25m^2$/人。

(10) 排水孔尺寸——底板排水孔直径不应大于 10mm。

(11) 护栏高度——护栏高度靠建筑物侧不应低于 0.8m，其他部位则不应低于 1.1m。

(12) 挡板高度——悬吊平台底部四周应设有高度不小于 150mm 的挡板。

(13) 挡板与底板间隙——挡板与底板间隙不大于 5mm。

(14) 擦窗机轨道接缝处导轨平面高差值——不应大于 2mm。

(15) 擦窗机轨道伸缩缝间隙——不大于 3mm。

(16) 吊点设置——吊船的每个吊点必须设置 2 根钢丝绳。

(17) 钢丝绳直径——工作钢丝绳的最小直径不应小于 6mm。

(18) 预埋螺栓直径——安装擦窗机用的预埋螺栓直径不应小于 16mm。

2. 标准规定的安全系数

(1) 结构安全系数——擦窗机的承载结构件为塑性材料时，按材料屈服点计算，其安全系数不应小于 2；擦窗机的承载结构件为非塑性材料时，按材料的强度极限计算，其安全系数不应小于 5。

(2) 插杆装置的预埋件及连接件的强度安全系数——必须按抗倾覆系数不小于 3 设计。

(3) 钢丝绳安全系数——钢丝绳安全系数不应小于 9。

(4) 台车抗倾覆系数——不应小于 2。

(5) 吊船连接强度安全系数——吊船应有足够的强度和刚度。承受 2 倍的均布额定载重量时，不应出现焊缝裂纹以及螺栓、铆钉松动和结构件破坏。

(6) 轨道锚固件和连接附件的设计强度安全系数——应能承受 2 倍的最大作用载荷。

(7) 液压管路的最低破裂强度安全系数——至少为系统设计压力的 3 倍。

3.1.3 标准的定性规定条款

1) 擦窗机的各机构作业时应保证：

(1) 电气系统、操纵系统功能正常，动作灵敏、可靠；

(2) 安全保护装置、限位装置、各控制元件动作准确，安全可靠；

(3) 升降、变幅、回转、行走等各传动机构运转平稳，不得有过热、异常声响或振动，运动部位不应有渗漏油现象。

2) 非封闭轨道的台车、爬轨器应设置行程限位装置，该装置应能承受擦窗机运行惯性所产生的冲击载荷。

3) 台车或爬轨器只有在下列情况下方能运行：

(1) 吊船位于最高设计位置；

(2) 有关保护装置和互锁装置必须在设定的位置上。

4) 台车应设有定位装置，在吊船处于停放位置时，台车应能被可靠固定。

5) 擦窗机不应采用环形皮带传动。

6) 台车内的平衡重应固定可靠。

7) 当依靠楼顶固定装置来保证稳定性时，应牢固可靠；其装置应有足够的强度和刚度。

8) 台车(或楼顶)与吊船间应设置通信设备。

9) 台车上罩壳应封闭，有足够强度和有效的防腐措施，并有可靠的锁定装置。

10) 吊臂的变幅应由独立动力驱动。

(1) 对于伸缩变幅的吊臂，应装有伸、缩限位装置；

(2) 对于仰俯变幅的吊臂，应装有上、下限位装置。

11) 台车上装有变幅双吊臂时，臂架的运动应保证同步。

12) 臂架应有足够的强度、刚度、稳定性及内外抗腐蚀性。

13) 卷扬式起升机构禁止使用摩擦传动、带传动和离合器。

14) 主制动器应为常闭式，在停电和紧急状态下，应能手动打开制动器。制动器应动作准确、可靠，便于检修和调整。

15) 卷筒应安装可靠，转动灵活；卷筒上必须设置钢丝绳的防松装置，当钢丝绳发生松弛、乱绳、断绳时，卷筒应立即停止转动。

16) 行走机构各行走轮位置应准确，转动灵活，连接可靠；擦窗机在所规定的工况下行走时，应保证启动、制动平稳；轮载式擦窗机应采用实心轮；当擦窗机设有卡轨钳、防倾装置时，应保证其安全可靠。

17) 应在吊船上明显部位永久醒目地注明额定载重量和允许乘载的人数及其他注意事项。

18) 吊船单边悬吊应能承受额定载重量。

19) 电气控制系统供电应采用三相五线制。

20) 轨道与预埋件或预埋支架的连接必须牢固可靠，不得松动。

21) 擦窗机上所设置的任何安全装置均不能妨碍紧急脱离危险的操作。

22) 轨道与预埋件或预埋支架的连接必须牢固可靠，不得松动。轨道及轨道连接附件和锚固件应作防锈、防腐处理。

23) 插杆装置应作防锈、防腐处理或采用高强度耐腐蚀材料。螺栓、螺母和销轴宜采用热镀锌处理或用不锈钢材料制成。

24) 吊船各承载材料应采用防锈蚀处理。

3.1.4 标准的强制性条款

1. 与整体稳定性相关的强制性条款

设备发生整体失稳属于致命故障。为此，擦窗机国标设置了两条强制性条款：

(1)“5.6.7 台车抗倾覆系数不应小于 2，其值按以下公式计算：

$$S= M_1/M_2\geqslant 2$$

式中 S——抗倾覆系数；

M_1——抗倾覆力矩(N·m)；

M_2——最大倾覆力矩(N·m)。”

(2)“5.16.3 插杆装置的预埋件及连接件的强度必须按抗倾覆系数不小于 3 设计。”

2. 与制动器相关的强制性条款

制动器的作用是，使吊船停留在预定的位置上，这是吊船实现其功能要求必备的基本条件，否则，吊船将无法正常工作。而且制动器一旦失效，将使擦窗机的卷扬机构失控，很可能发生吊船坠落的恶性事故。为此，擦窗机国标设置了两条强制性条款：

(1)“5.8.6 a)卷扬式起升机构必须配备两套制动器，主制动器和后备制动器。每套制动器均能使 125%额定载重量及钢丝绳工作长度全部放出的重量的吊船停住。b)主制动器应为常闭式，在停电和紧急状态下，应能手动打开制动器。后备制动器(或超速保护装置)必须独立于主制动器，在主制动器失效时能使吊船在 1m 的距离内可靠停住。”

(2)“5.17.2 安全锁必须符合《高处作业吊篮》GB 19155—2003 中 5.4.5 条的规定。”

3. 与卷扬式起升机构相关的强制性条款

卷扬式起升机构的作用是将吊船升降到工作位置，在吊船起升过程中，要确保吊船不发生坠落事故，除上述两条对制动器的要求外，擦窗机国标还设置了四条强制性条款：

(1)“5.8.1 禁止使用摩擦传动、带传动和离合器。”

(2)“5.8.2 每个吊点必须设置两根独立的钢丝绳。当其中一根失效时，保证吊船不发生倾斜和坠落。”

(3)“5.8.3 必须设置手动升降机构。当停电或电源故障时，作业人员能安全撤离。”

(4)“5.8.4 必须设置限位保护装置，当吊船到达上下极限位置时应能立即停止。”

4. 与钢丝绳相关的强制性条款

钢丝绳是擦窗机产品最重要的易损件。钢丝绳的失效，将直接导致吊船坠落。为此，擦窗机国标设置了三条强制性条款：

(1)“5.8.7 d)必须设置钢丝绳的防松装置，当钢丝绳发生松弛、乱绳、断绳时，卷筒应立即停止转动。”

(2)“5.12.2 钢丝绳安全系数不应小于 9，其值按以下公式计算：

$$n=\frac{S_1\cdot a}{W}$$

式中 n——安全系数；

S_1——单根钢丝绳最小破断拉力(kN)；

a——工作钢丝绳根数；

W——总载重量(额定载重量、钢丝绳和吊船自重所产生的重力之和)(kN)。”

(3)“5.12.4　钢丝绳绳端固定必须符合《塔式起重机安全规程 》GB 5144—2006 中 5.2.4 条的规定。”

5. 与爬升式起升机构相关的强制性条款

爬升式起升机构是吊篮式擦窗机产品的动力部件。该机构的失效，也可能导致吊船坠落。为此，擦窗机国标设置了一条强制性条款：

“5.17.3　爬升式起升机构必须设置独立的工作钢丝绳和安全钢丝绳，在工作钢丝绳失效时，保证吊船不坠落。”

6. 与安全装置相关的强制性条款

作为特级高处作业设备的擦窗机，由钢丝绳悬挂载人进行高空作业的方式本身，就决定了它具有极大的操作危险性，应该属于特种作业范畴。为了确保作业人员及设备的安全，必须设置必要的安全装置，对此，擦窗机国标设置了两条强制性条款：

(1)“5.11.9　吊船底部必须设置防撞杆。”

(2)“5.11.10　吊船上必须设有超载保护装置，当工作载重量超过额定载重量 25% 时，能制止吊船运动。”

7. 与安全用电相关的强制性条款

电气系统的安全性直接关系着设备操作人员的作业安全，为避免发生人身触电事故与机械事故，擦窗机国标设置了五条强制性条款：

(1)“5.13.2　主电路相间绝缘电阻不小于 0.5MΩ，电气线路绝缘电阻不小于 2MΩ。”

(2)“5.13.3　擦窗机的主体结构、电机外壳及所有电气设备的金属外壳及金属护套必须可靠接地，接地电阻不大于 4Ω。在接地处必须有接地标志。”

(3)“5.13.6　必须保证擦窗机轨道与建筑避雷系统间的有效连接。”

(4)“5.13.7　电气系统必须设置过载、短路、漏电等保护装置。”

(5)“5.13.9　必须设置在紧急状态下能切断主电源控制回路的急停按钮，该电路独立于各控制电路。急停按钮为红色并有明显的‘急停’标记，不能自动复位。”

8. 与液压系统安全装置相关的强制性条款

液压系统是一些擦窗机的执行系统，其安全装置的性能直接关系着设备操作人员的作业安全，为避免发生设备机械事故，擦窗机国标设置了一条强制性条款：

“5.15.5　为防止液压缸因管路破裂、泄漏而导致超速下降或坠毁，在液压系统中必须设平衡阀或液压锁。平衡阀或液压锁必须直接装在液压缸上。”

3.1.5　标准的应用

1. 标准在设计方面的应用

(1) 总体设计须符合标准规定的各项设计参数。

(2) 结构设计须满足标准规定的各项安全系数。

(3) 机构设计须按照标准要求设置相关装置。

(4) 整机设计须不折不扣地执行标准规定的与设计相关的强制性条款；对与设计相关的推荐性条款应尽最大可能予以满足。

(5) 在设计过程中，必须全盘考虑最终全面实现标准规定的各项性能参数，以及在标准 5.1.6 条规定的环境下应能正常工作。

2. 标准在制造方面的应用

(1) 擦窗机应按照规定程序批准的图样及技术文件制造。

(2) 擦窗机的自制零部件应经检验合格后方可装配。

(3) 标准件、外购件、外协件应具有制造厂的合格证，否则应按有关标准进行检验，合格后方可进行装配。

(4) 原材料应符合产品图样规定，并应有供应厂的正式标记及合格证。关键零部件所用原材料，制造前应抽样检验，确认合格后方可使用。

(5) 生产的同一型号吊篮的零部件应具有互换性。

(6) 制造和装配质量应符合标准 5.1.5 条的规定。

(7) 外观质量应符合标准 5.4 节的规定。

3. 标准在使用方面的应用

(1) 应控制在标准 5.1.6 条规定的环境下进行使用。

(2) 电气控制系统供电应采用三相五线制。

(3) 擦窗机的主体结构、电机外壳及所有电气设备的金属外壳及金属护套必须可靠接地，接地电阻不大于 4Ω。

(4) 应采取防止随行电缆碰撞建筑物、过度拉紧或其他可能导致损坏的措施。

(5) 产品在运输时应可靠固定，并应符合所需运输条件的装载要求，在装卸时不得损坏产品。

(6) 擦窗机应存放在通风、无雨淋日晒和无腐蚀气体的环境中，并将随机工具、备件及需防锈的表面和各润滑点涂以防锈脂和注入润滑油。

(7) 擦窗机的验收、检查、操作和维护应严格按照标准第 9 章的规定执行。

3.2 擦窗机安全技术

3.2.1 擦窗机的基本类型

1. 擦窗机分类

擦窗机属于建筑工程机械之中的装修机械类设备，按照《擦窗机》GB 19154—2003 国家标准它分为：屋面轨道式(简称轨道式)、轮载式、悬挂轨道式(简称悬挂式)、滑车式、插杆式和滑梯式。

2. 型号

1) 擦窗机的型号由组、型、特性代号、主参数代号和变型更新代号组成。

图示见图 3-1。

2) 标记示例：

(1) 额定载重量 200kg，屋面轨道式伸缩臂变幅擦窗机；

擦窗机 CWGS200　　　　GB 19154

(2) 额定载重量 300kg，屋面轨道式小车变幅擦窗机；

擦窗机 CWGC300　　　　GB 19154

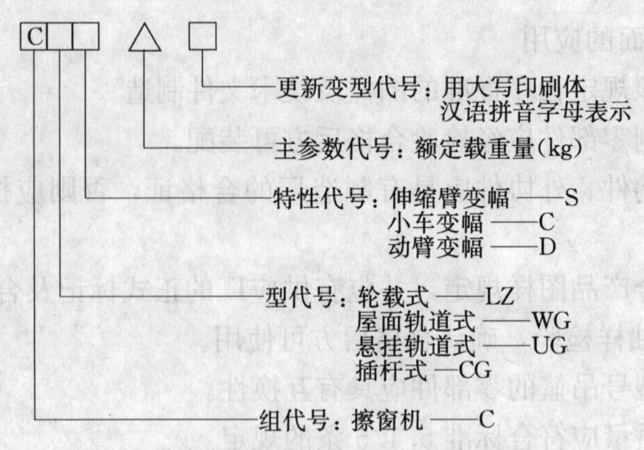

图 3-1　擦窗机型号组成示意

（3）额定载重量 250kg，轮载式动臂变幅擦窗机第一次变型产品；

擦窗机 CLZD250A　　　　GB 19154

（4）额定载重量 150kg，悬挂轨道式擦窗机；

擦窗机 CUG150　　　　GB 19154

（5）额定载重量 200kg，插杆式擦窗机；

擦窗机 CCG200　　　　GB 19154

3. 擦窗机主要类型

1）轨道式擦窗机

该形式的擦窗机使用最为广泛。擦窗机可沿轨道电动行走。它具有行走平稳、就位准确、使用方便、自动化程度高等特点。

该机型具体可分为以下几种。

（1）双臂动臂变幅型(图 3-2)

该机型是一种小型擦窗机设备，工作幅度相对较小，机重较轻。

（2）燕尾臂型(图 3-3)

该机型是轨道式中最常用的一种中型设备，适用范围广，一般复杂的建筑立面均可采用此机型。擦窗机工作时：臂架垂直女儿墙时达到最大幅度；其他位置通过臂头回转使吊船平行外墙立面进行工作。伸展吊船可清洗凹立面。

图 3-2　双臂动臂变幅型轨道式擦窗机

图 3-3　燕尾臂型轨道式擦窗机

(3) 伸缩臂型(图 3-4)

该机型是一种大型的擦窗机设备，适用于楼顶面较多、多台擦窗机很难完成整个大楼立面的清洗维护作业工况。

图 3-4 伸缩臂型轨道式擦窗机

(4) 附墙型(图 3-5)

该机型为小型擦窗机设备。当楼顶擦窗机通道尺寸在 500～1000mm，其他轨道式不宜布置时，可选择此机型。

2) 轮载式擦窗机(图 3-6)

该机型为小型擦窗机设备，适用于楼顶布置花园平台、观光平台的场合，不影响楼顶布置的整体美观。轮载式擦窗机的行走通道屋面必须为混凝土刚性屋面，坡度小于 2%。

图 3-5 附墙型轨道式擦窗机

图 3-6 轮载式擦窗机

3) 滑车式、插杆式擦窗机

该机型为小型擦窗机设备，由滑车(或插杆)、电动吊船组成。该电动吊船与轨道式吊船不同，它自身配置有升降的提升机、安全锁、收缆器等。该擦窗机就位操作麻烦，常布置于裙房和楼顶的局部位置。

(1) 滑车式擦窗机(图 3-7)

(2) 插杆式擦窗机(图 3-8)

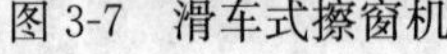

图 3-7 滑车式擦窗机　　图 3-8 插杆式擦窗机

4) 悬挂式擦窗机(图 3-9)

此机型为小型擦窗机设备，由高强铝合金轨道、爬轨器、电动吊船等组成。该电动吊船与插杆式相同，它自身配置有升降的提升机、安全锁、收缆器等。适用于楼顶层面较多或空间较小、建筑造型复杂、其他擦窗机不易安装的场合。

(*a*)

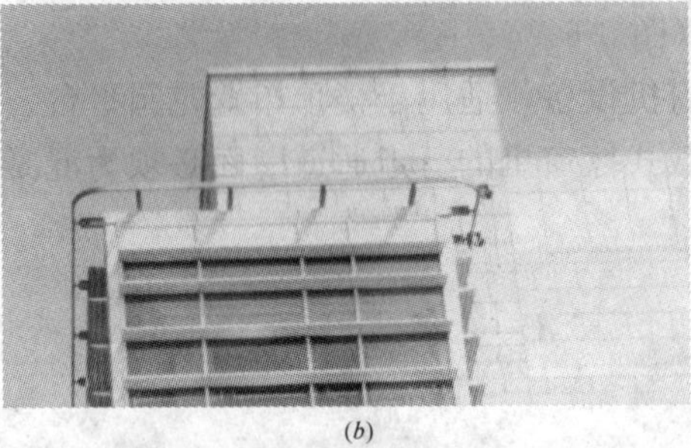

(*b*)

(*c*)

图 3-9 悬挂式擦窗机

(*a*)电动吊船；(*b*)高强度铝合金轨道；(*c*)爬轨器

5) 滑梯式擦窗机(图 3-10)

此机型主要由电动行走机构、铝合金或钢结构滑梯等组成。用于清洗内外弧形、水平、倾斜的玻璃天幕等。

图 3-10 滑梯式擦窗机

3.2.2　对擦窗机性能的要求

1）擦窗机各机构工作速度：①升降速度不大于 20m/min；②行走速度不大于 15m/min；③变幅速度不大于 20m/min；④回转速度不大于 15m/min。

2）擦窗机在额定载重量下工作时，操作者耳边噪声值不大于 85dB(A)，机外噪声值不大于 80dB(A)。

3）吊船在承受静力试验载荷达 15min 时，爬升式提升机钢丝绳在牵引盘中不应出现滑移。

4）卷扬式起升机构必须配备两套制动器，主制动器和后备制动器。每套制动器均能使 125%额定载重量及钢丝绳工作长度全部放出的重量的吊船停住；后备制动器(或超速保护装置)必须独立于主制动器，在主制动器失效时能使吊船在 1m 的距离内可靠停住。

5）擦窗机在动力试验时，应有超载 25%额定载重量的能力。

6）擦窗机在静力试验时，应有超载 50%额定载重量的能力。

7）吊船的护栏应能承受 1000N 的水平集中载荷。

8）吊船在承受动力试验载荷时，平台底面最大挠度值不得大于平台长度的 1/500。

9）在最大作用载荷下，轨道两个支撑点之间的挠度不应超过其跨距的 1/250。

10）液压装置应设置安全阀或溢流阀，其调定压力不应超过系统额定工作压力的 1.1 倍，系统的额定工作压力不应大于液压泵的额定压力。

11）钢丝绳的固定装置应安全可靠，并易于检查，在吊船至最低位置时，卷筒上的钢丝绳安全圈数不应少于 3 圈；在保留 3 圈的状态下，应能承受 1.25 倍钢丝绳额定拉力。

12）擦窗机的电气系统接地电阻不应大于 4Ω。

13）带电零件与机体间的绝缘电阻不应小于 2MΩ。

14）擦窗机在下列环境下应能正常工作：

(1) 环境温度－20～＋40℃；

(2) 环境相对湿度不大于 90%(25℃)；

(3) 电源电压偏离额定值±5%；

(4) 工作处阵风风速不大于 8.3m/s(相当于 5 级风力)。

15)擦窗机的可靠性试验按整机工作循环次数 3000 次考核，工作循环由吊船的升降、臂架变幅、回转、台车行走等动作组成。首次故障前工作时间为 $0.5t_0$(累计工作时间)，平均无故障工作时间为 $0.3t_0$，可靠度不低于 92%。

3.2.3　对擦窗机安全装置的要求

(1) 非封闭轨道的台车或爬轨器应设可靠的行程限位开关，确保在设计的行程范围内运动。

(2) 非封闭轨道的台车、爬轨器应设置行程限位装置，该装置应能承受擦窗机运行惯性所产生的冲击载荷。

(3)吊臂的变幅应由独立动力驱动。对于伸缩变幅的吊臂，应装有伸、缩限位装置；对于仰俯变幅的吊臂，应装有上、下限位装置。

(4) 必须设置手动升降机构。当停电或电源故障时，作业人员能安全撤离。

（5）必须设置限位保护装置，当吊船到达上、下极限位置时应能立即停止。

（6）卷扬式起升机构必须配备两套制动器，主制动器和后备制动器。主制动器应为常闭式，在停电和紧急状态下，应能手动打开制动器。后备制动器（或超速保护装置）必须独立于主制动器，在主制动器失效时能使吊船在1m的距离内可靠停住。

（7）必须设置钢丝绳的防松装置，当钢丝绳发生松弛、乱绳、断绳时，卷筒应立即停止转动。

（8）回转机构应根据使用要求设置相应的限位装置。

（9）吊船上的进出小门不能朝外开，并应有可靠的锁定装置。

（10）吊船上应设有系安全带的挂钩或其他可靠连接点。

（11）吊船底部必须设置防撞杆。

（12）吊船上必须设有超载保护装置，当工作载重量超过额定载重量25%时，能制止吊船运动。

（13）吊船应设有靠墙轮或导向装置或缓冲装置。

（14）电气系统必须设置过热、短路、漏电保护等装置。

（15）吊船内的控制系统和屋顶台车控制系统应互锁。起升、行走、回转和变幅多种动作之间应保证电气互锁。

（16）必须设置在紧急状态下能切断主电源控制回路的急停按钮，该电路独立于各控制电路。急停按钮为红色并有明显的“急停”标记，不能自动复位。

（17）楼顶台车应设置擦窗机各动作的控制按钮和报警装置。

（18）三相电力系统应具有错相和断相保护。

（19）在轨道始点、终点应设置限位挡块。转向点和分岔点应设置定位装置。

（20）液压装置应设置安全阀或溢流阀，其调定压力不应超过系统额定工作压力的1.1倍，系统的额定工作压力不应大于液压泵的额定压力。

（21）为防止液压缸因管路破裂、泄漏而导致超速下降或坠毁，在液压系统中必须设平衡阀和液压锁。平衡阀、液压锁必须直接装在液压缸上。

（22）液压系统中应设有防止过载和冲击的装置。

3.2.4 对擦窗机安全技术的要求

1. 对卷扬式起升机构的安全技术要求

（1）禁止使用摩擦传动、带传动和离合器。

（2）每个吊点必须设置两根独立的钢丝绳。当其中一根失效时，保证吊船不发生倾斜和坠落。

（3）必须设置手动升降机构。当停电或电源故障时，作业人员能安全撤离。

（4）必须设置限位保护装置，当吊船到达上、下极限位置时应能立即停止。

（5）卷扬式起升机构必须配备两套制动器，主制动器和后备制动器。每套制动器均能使125%额定载重量及钢丝绳工作长度全部放出的重量的吊船停住；主制动器应为常闭式，在停电和紧急状态下，应能手动打开制动器。后备制动器（或超速保护装置）必须独立于主制动器，在主制动器失效时能使吊船在1m的距离内可靠停住。

（6）对于多层缠绕的卷筒，在吊船处于最高位置时，卷筒两侧缘的高度应超过最外层钢丝绳，其超出高度不应小于钢丝绳直径的2.5倍。

(7) 钢丝绳的固定装置应安全可靠，并易于检查，在吊船至最低位置时，卷筒上的钢丝绳安全圈数不应少于3圈；在保留3圈的状态下，应能承受1.25倍钢丝绳额定拉力。

(8) 必须设置钢丝绳防松装置，当钢丝绳发生松弛、乱绳、断绳时，卷筒应立即停止转动。

(9) 钢丝绳在卷筒上应排列整齐，钢丝绳绕进或绕出卷筒时，偏离卷筒轴线垂直平面的角度，对有螺旋槽卷筒不应大于4°；对光面卷筒或多层缠绕卷筒不应大于2°，如大于2°时应设置排绳机构。

(10) 卷筒的最小卷绕直径为钢丝绳直径的19倍；当采用电缆芯钢丝绳时，卷筒直径不小于22倍钢丝绳直径。

2. 对滑轮的安全技术要求

(1) 滑轮最小卷绕直径不小于钢丝绳直径的15倍；当采用电缆芯钢丝绳时，滑轮最小卷绕直径不小于钢丝绳直径的22倍，钢丝绳绕进或绕出滑轮时偏斜的最大角度不应大于4°。

(2) 滑轮槽深不应小于钢丝绳直径的1.5倍。

(3) 滑轮槽开口角应符合《起重机用铸造滑轮　绳槽断面》JB/T 9005.1—1999的规定；滑轮上应设有防止钢丝绳脱槽的装置，该装置与滑轮最外缘的间隙，不得超过钢丝绳直径的1/5。

(4) 滑轮应转动灵活，侧向摆动不得超过滑轮直径的1/1000。

3. 对回转机构的安全技术要求

(1) 回转机构应根据使用要求设置相应的限位装置。

(2) 只有在吊船升至设计的最高位置或其他预定位置时，方可回转。

4. 对行走机构的安全技术要求

(1) 各行走轮位置应准确，转动灵活，连接可靠。

(2) 擦窗机在所规定的工况下行走时，应保证启动、制动平稳。

(3) 轮载式擦窗机应采用实心轮。

(4) 当擦窗机设有卡轨钳、防倾装置时，应保证其安全可靠。

5. 对吊船的安全技术要求

1) 吊船四周应装有固定式的安全护栏，护栏应设有腹杆。护栏高度靠建筑物侧不应低于0.8m，其他部位则不应低于1.1m，护栏应能承受1000N的水平集中载荷。护栏下部四周应设有高度不小于150mm的挡板，挡板与底板间隙不大于5mm。

2) 吊船内工作宽度不应小于0.4m，并应设置防滑底板，底板有效面积不小于0.25m²/人。底板应坚固、防滑、可靠；除排水孔外，不能有缝隙；排水孔直径不应大于10mm。

3) 吊船上的进出小门不能朝外开，并应有可靠的锁定装置。

4) 吊船上应设有系安全带的挂钩或其他可靠连接点。

5) 吊船应设有靠墙轮或导向装置或缓冲装置。

6) 吊船在楼面搬运时，其底部应设置宽面橡胶轮。

7) 吊船各承载材料应采用防锈蚀处理。

8）应在吊船上的明显部位永久醒目地注明额定载重量和允许乘载的人数及其他注意事项。

9）吊船底部必须设置防撞杆。

10）吊船上必须设有超载保护装置，当工作载重量超过额定载重量25%时，能制止吊船运动。

11）应采取的限制吊船倾斜的悬挂措施如下：

（1）当额定载重量从吊船内移向外侧时，其横向倾斜角度应小于15°；

（2）在工作中的纵向倾斜角度不应大于8°；

（3）伸缩式吊船，应保证吊船与其配重平衡。

12）吊船应有足够的强度和刚度。承受2倍的均布额定载重量时，不应出现焊缝裂纹以及螺栓、铆钉松动和结构件破坏。

13）吊船在承受动力试验载荷时，吊船底面最大挠度值不大于长度的1/500。

14）吊船在承受均布额定载重量、试验偏载荷时，分别在工作状态及模拟工作钢丝绳断开时，安全锁锁住钢丝绳的状态下，其危险断面处应力值应不大于材料的许用应力。

15）吊船单边悬吊应能承受额定载重量。

6. 对钢丝绳的安全技术要求

（1）擦窗机的钢丝绳宜选用高强度、耐腐蚀、柔度好的钢丝绳，其性能应符合《一般用途钢丝绳》GB/T 20118—2006的规定。

（2）钢丝绳安全系数不应小于9。

（3）钢丝绳的最小直径不应小于6mm。

（4）钢丝绳绳端固定必须符合《塔式起重机安全规程》GB 5144—2006中5.2.4条的规定。

7. 对电气控制系统的安全技术要求

（1）电气控制系统供电应采用三相五线制，接零、接地线应始终分开，接地线应采用黄绿相间线。

（2）主电路相间绝缘电阻不小于0.5MΩ，电气线路绝缘电阻不小于2MΩ。

（3）擦窗机的主体结构、电机外壳及所有电气设备的金属外壳及金属护套必须可靠接地，接地电阻不大于4Ω。在接地处必须有接地标志。

（4）电气控制箱控制按钮动作应准确可靠，标志清晰、正确，其外露部分由绝缘材料制成，应能承受50Hz正弦波形、1250V电压为时1min的耐压实验。各机构的安全装置动作信号准确可靠；电气控制箱应上锁。

（5）悬挂轨道式擦窗机应设置安全可靠的移动式供电装置。

（6）必须保证擦窗机轨道与建筑避雷系统间的有效连接。

（7）电气系统必须设置过载、短路、漏电等保护装置。

（8）吊船内的控制系统和屋顶台车控制系统应互锁。起升、行走、回转和变幅多种动作之间应保证电气互锁。

（9）必须设置在紧急状态下能切断主电源控制回路的急停按钮，该电路独立于各控制电路。急停按钮为红色并有明显的“急停”标记，不能自动复位。

（10）楼顶台车应设置擦窗机各动作的控制按钮和报警装置。

(11) 三相电力系统应具有错相和断相保护。

(12) 应采取防止随行电缆碰撞建筑物、过度拉紧或其他可能导致损坏的措施。

8. 对擦窗机行走轨道的安全技术要求

(1) 轨道设计应考虑擦窗机各部分重量、运行引起的侧向力、动载荷及风载荷引起的作用力。

(2) 在设计、安装轨道的连接点和屋顶有关装置时应考虑温度变化引起轨道的热胀冷缩产生的影响。

(3) 轨道锚固件和连接附件的设计强度应能承受2倍的最大作用载荷。

(4) 轨道的安装应牢固平直，接缝处导轨平面高差值不应大于2mm，伸缩缝的间隙不大于3mm。

(5) 轨道与预埋件或预埋支架的连接必须牢固可靠，不得松动。

(6) 轨道及轨道连接附件和锚固件应作防锈、防腐处理。

(7) 轨道于圆弧转弯段，一般不宜留伸缩缝。

(8) 在最大作用载荷下，轨道两个支撑点之间的挠度不应超过其跨距的1/250。

(9) 在轨道始点、终点应设置限位挡块。转向点和分岔点应设置定位装置。

9. 对台车、爬轨器的安全技术要求

1) 非封闭轨道的台车或爬轨器应设可靠的行程限位开关，确保在设计的行程范围内运动。

2) 非封闭轨道的台车、爬轨器应设置行程限位装置，该装置应能承受擦窗机运行惯性所产生的冲击载荷。

3) 台车或爬轨器只有在下列情况下方能运行：

(1)吊船位于最高设计位置；

(2) 有关保护装置和互锁装置必须在设定的位置上。

4) 台车应设有定位装置，在吊船处于停放位置时，台车应能被可靠地固定。

5) 不应采用环形皮带传动。

6) 台车内的平衡重应固定可靠。

7) 台车抗倾覆系数不应小于2。

8) 当依靠楼顶固定装置来保证稳定性时，应牢固可靠；其装置应有足够的强度和刚度。

9) 台车(或楼顶)与吊船间应设置通信设备。

10) 台车上罩壳应封闭，有足够强度和有效的防腐措施，并有可靠的锁定装置。

10. 对吊臂的安全技术要求

1) 吊臂的变幅应由独立动力驱动。

(1) 对于伸缩变幅的吊臂，应装有伸、缩限位装置；

(2) 对于仰俯变幅的吊臂，应装有上、下限位装置。

2) 台车上装有变幅双吊臂时，臂架的运动应保证同步。

3) 臂架应有足够的强度、刚度、稳定性及内外抗腐蚀性。

11. 对液压系统的安全技术要求

(1) 液压系统应符合《液压系统通用技术条件》GB/T 3766—2001中的有关要求。

(2) 液压系统管路应排列整齐，装配质量应可靠，各元件、管路及接头无渗漏，压力稳定无异常声响。

(3) 液压油清洁度应符合《油液中固体颗粒污染物的显微镜计数法》JG/T 70—1999中19/16的等级规定。

(4) 液压装置应设置安全阀或溢流阀，其调定压力不应超过系统额定工作压力的1.1倍，系统的额定工作压力不应大于液压泵的额定压力。

(5) 为防止液压缸因管路破裂、泄漏而导致超速下降或坠毁，在液压系统中必须设平衡阀和液压锁。平衡阀、液压锁必须直接装在液压缸上。

(6) 液压管路的最低破裂强度至少为系统设计压力的3倍。

(7) 液压系统中应设有防止过载和冲击的装置。

12. 对插杆装置的安全技术要求

1) 对于可使吊船收回楼顶的插杆装置需符合以下条件：

(1) 工作人员可以方便地进出吊船，不允许工作人员爬墙或从楼面护栏进出吊船；

(2) 插杆宜设置轮子或搬运小车，以便插杆作业位置的移动；

(3) 插杆应有足够高度，以防止吊船收回楼面时与建筑物相碰；

(4) 插杆与插座间应安装定位装置，使插杆在悬挂工作位置不能转动；

(5) 应保证拆卸时，插杆不能倒向女儿墙外侧。

2) 对于不使吊船收回楼顶的插杆装置，应设置外伸支承装置，用以收放钢丝绳。

3) 插杆装置的预埋件及连接件的强度必须按抗倾覆系数不小于3设计。

4) 插杆装置应作防锈、防腐处理或采用高强度耐腐蚀材料。

5) 螺栓、螺母和销轴宜采用热镀锌处理或用不锈钢材料制成。

13. 对爬升式起升机构的安全技术要求

(1) 提升机应符合《高处作业吊篮》GB 19155—2003中5.4.3条的规定。

(2) 安全锁必须符合《高处作业吊篮》GB 19155—2003中5.4.5条的规定。

(3) 爬升式起升机构必须设置独立的工作钢丝绳和安全钢丝绳，在工作钢丝绳失效时，保证吊船不坠落。

(4) 应设置收绳装置。

(5) 吊船在承受静力试验载荷达15min时，爬升式提升机钢丝绳在牵引盘中不应出现滑移。其承载件不应出现失效、变形和裂纹现象，卸载后起升机构应能立即正常工作。

14. 对安全保护装置的安全技术要求

(1) 擦窗机上设置的任何安全装置均不能妨碍紧急脱离危险的操作。

(2) 当吊船设置安全锁或具有相同作用的独立安全装置时，其功能应符合《高处作业吊篮》GB 19155—2003的有关规定。

15. 对擦窗机整机的安全技术要求

(1) 擦窗机在动力试验时，应有超载25%额定载重量的能力。

(2) 擦窗机在静力试验时，应有超载50%额定载重量的能力。

(3) 擦窗机的升降速度不大于20m/min；行走速度不大于15m/min；变幅速度不大于20m/min；回转速度不大于15m/min。

(4) 吊船在承受静力试验载荷、悬挂钢丝绳自重和电缆自重达15min时，应无任何滑移迹象。

(5) 擦窗机在额定载重量下工作时，操作者耳边噪声值不大于 85dB(A)，机外噪声值不大于 80dB(A)。

(6) 擦窗机上所设置的各种安全装置均不能妨碍紧急脱离危险的操作。

3.2.5 对擦窗机的验收、检查、操作与维护要求

为保证擦窗机的安全使用，擦窗机国标对擦窗机的验收、检查、操作与维护规定了明确的要求，具体要求如下。

1. 验收

擦窗机安装调试完成后应经过测试验收，测试报告应由参加测试各方有关人员盖章存入设备档案。

2. 检查

1) 擦窗机投入使用后，应定期检查测试。检查测试的周期不得超过 18 个月。

2) 检查测试内容如下：

(1) 对整个设备安装的详细检查；

(2) 建筑物预埋件的检查；

(3) 对安全装置、电气系统的测试。

3) 安全装置的检查要求：

(1) 安全装置的检查周期不得超过 6 个月；

(2) 若在现场不具备测试条件，可以拆下该装置，送制造厂测试；

(3) 对拆下测试的装置，在擦窗机交付使用前，应检查所有再新安装的和其相关的部件。

4) 钢丝绳的检查如下：

(1) 在用的钢丝绳须每个工作日目检一次，每月至少按产品使用说明书有关规定检查两次；

(2) 对一个月以上未使用的，在每次使用前作一次全面检查，其检查报告应指出钢丝绳的状况。

3. 操作

(1) 设备操作人员应经过培训，合格并取得了资格证明后方可进行操作、维护、保养。

(2) 每日工作前，应进行额定载重量的试运行，以确认设备处于正常状态。

(3) 在吊船作业下方应设安全防护区。

(4) 工作处遇阵风风速大于 8.3m/s 或暴雨、大雾、风雪等恶劣天气禁止工作。

(5) 有架空输电线场所，擦窗机的任何部位与输电线的安全距离应大于 10m，以避免擦窗机进入输电线危险区。如果安全距离受条件限制，应与有关部门协商，并采取安全防护措施后方可架设。

(6) 擦窗机宜配置独立的安全绳。

4. 维护与保养

(1) 所有影响设备安全性的部件，应按使用说明书进行维护。

(2) 运动或摩擦零部件磨损或损坏时，应立即更换。

(3) 电气系统的部件和随行电缆损坏或有明显擦伤时，应立即更换。

(4) 齿轮、轴、丝杠、轴承、制动器和卷筒应保持良好的工作状态，当齿轮、丝杠有明显的磨损现象时，应立即更换。

(5) 控制线路的电气、动力线路的接触器及零部件应保持清洁、无灰尘污染。

(6) 应用指定使用的润滑剂对规定部位定期进行润滑。

(7) 使用巴氏合金固定的钢丝绳接头应在两年内重新制作。

(8) 在测试、检查和维修中如需安全装置或电气保护装置暂时失效时，在完成测试、检查和维修后应立即将这些装置恢复到正常工作状态。

(9) 轨道或插杆座等固定设施或类似装置，应按照使用说明书的要求定期检查是否松动和进行防锈处理。

(10) 在建筑物表面设置 T 形导轨、凹槽框或类似导向装置以及电缆稳定器支座时，应按照使用说明书的要求定期检查是否松动和进行防锈处理。

(11) 钢丝绳的检查和报废应符合《起重机 钢丝绳 保养、维护、安装、检验和报废》GB/T 5972—2009 中的相关规定。

(12) 电缆芯钢丝绳的绝缘有老化迹象或绝缘值降低时，应立即更换。

(13) 电缆芯钢丝绳的导线之一断裂或导线的导电性能时断时续时，应立即更换。

3.3 擦窗机安装工程质量验收规程

3.3.1 《擦窗机安装工程质量验收规程》JGJ 150—2008 条文释义与应用

擦窗机作为建筑物内外墙的清洗和维护设备，其总装配是在施工现场完成的；擦窗机又是高空作业的载人设备，其安装工程质量对于保证设备今后的安全使用十分重要。为了加强擦窗机安装工程的质量管理，统一擦窗机安装工程的质量要求，《擦窗机安装工程质量验收规程》JGJ 150—2008 于 2008 年 1 月 31 日发布，2008 年 7 月 1 日实施。该标准对擦窗机安装中的工程质量要求作了明确的规定，对擦窗机安装及验收起到了有效的指导作用，推动了擦窗机行业有序、健康地发展。

3.3.2 擦窗机安装工程质量验收基本规定

《擦窗机安装工程质量验收规程》JGJ 150—2008 对安装单位施工前应向总承包单位和监理单位提供的进场资料报审、擦窗机安装中物资进场所需报验的资料、擦窗机基础交接检验、擦窗机设备安装中的隐蔽工程、擦窗机设备安装中的预检、擦窗机竣工检验等作了明确的规定，具体要求如下：

1) 总承包单位施工前应向监理单位提供安装单位资质报审表、工程技术文件报审表以及工程动工报审表，经监理单位审核同意后方可进场安装施工。

2) 擦窗机主机、构配件和材料等进场物资，应符合设计要求和国家产品标准的规定，并应有质量合格证明，报监理单位审核批准后方可安装施工。

3) 擦窗机安装工程施工质量控制应符合下列规定：

(1) 擦窗机安装前应按本规程的附录F进行擦窗机基础交接检验，并应按本规程的附录G记录；

(2) 擦窗机设备安装中的隐蔽工程(如擦窗机承重梁、轨道基础埋件、轨道支架焊接等)，应在工程隐蔽前进行检验，并应按本规程的附录H记录，合格后方可继续安装；

(3) 擦窗机设备安装前，尚应对设备基础位置、混凝土强度、标高、几何尺寸、预留孔、预埋件及与结构焊接的重要部位进行预检，并按本规程的附录J进行检验和记录；

(4) 擦窗机设备安装完毕后，应由专业检测单位或监理单位按本规程附录K的要求进行检验，出具检验报告，并应由建设单位、总承包单位、监理单位和安装单位按本规程的附录L进行竣工验收。

3.3.3 擦窗机安装工程质量验收具体规定

1. 擦窗机进场验收应提供的随机文件和设备外观要求

设备进场验收是保证擦窗机安装工程质量的重要环节之一。全面、准确地进行进场验收能够及时发现问题、解决问题，为即将开始的擦窗机安装工程奠定良好的基础，也是体现过程控制的必要手段。随机文件是擦窗机产品供应商应移交给建设单位及安装单位的文件，这些文件针对所安装的擦窗机产品，能指导通过培训的擦窗机使用人员使用和维护本产品，或指导安装人员准确地进行本设备的安装作业，是保证擦窗机安装工程质量的关键。《擦窗机安装工程质量验收规程》JGJ 150—2008对擦窗机进场验收应提供的随机文件和设备外观要求如下：

1) 擦窗机进场的随机文件应包括：

(1) 擦窗机施工安装图；

(2) 产品出厂合格证；

(3) 产品出厂检验报告；

(4) 产品使用维护说明书；

(5) 产品电气原理图、符号说明；

(6) 产品安全操作规程；

(7) 产品装箱单。

2) 擦窗机的设备外观不应存在明显的损坏。

2. 擦窗机基础检验要求

擦窗机的基础预埋件或钢结构及布置图必须经过建筑设计师的审批，审批后的图样无论是总承包进行基础预埋件施工或擦窗机安装单位进行轨道和基座的安装都应符合图样要求。擦窗机生产企业在提交方案时，其擦窗机自重、轮压等荷载是要经过建筑设计师或业主、建设方及监理审核的，只有当自重、轮压等荷载在建筑设计允许的范围内，才能进行擦窗机设备安装。

《擦窗机安装工程质量验收规程》JGJ 150—2008对擦窗机基础检验的具体规定如下：

(1) 擦窗机基础预埋件或钢结构及布置必须符合擦窗机基础布置图的要求。

(2) 擦窗机设备基础的允许偏差应符合本规程附录F的规定。

(3) 当擦窗机安装在屋面、女儿墙或其他建筑结构上时，屋面、女儿墙或其他建筑结构应能承受擦窗机及其附件的重量和工作载荷。

(4) 擦窗机电源插座的型号、数量及位置应符合擦窗机基础布置图的要求。

3. 轨道的安装要求

轨道是擦窗机设备安装的基础，根据目前国内外擦窗机技术的发展，《擦窗机安装工程质量验收规程》JGJ 150—2008 除规定了屋面水平直线轨道、屋面立式轨道外，还增加了屋面倾斜轨道和屋面单悬轨道的安装及验收要求。轨道的安装主要对轨道的标高差、挠度、接缝、伸缩缝、焊接口、防锈防腐、焊接表面质量、轨道始点、终点止挡、道岔等情况进行质量控制。对于屋面水平及倾斜轨道，主要对轨道直线段的轨距偏差进行质量控制，考虑到曲线段的轨道(如转弯轨道)圆心可以不同心，因此，只规定了轨道应保证擦窗机正常运行最基本的条件。为保证擦窗机底架的所有行走轮与轨面共同接触，规定了同一横截面处轨道面的标高差。对于屋面立式轨道，其两个主要控制指标为轨距偏差和挠度。轨距偏差过大或过小都会影响设备正常行走，挠度太大则会影响设备的安全使用。因此，必须对这两个指标进行控制。《擦窗机安装工程质量验收规程》JGJ 150—2008 对轨道安装的具体要求如下：

1) 轨道的安装应符合下列基本要求：

(1) 水平轨道在任意 6m 长度内，其表面标高差不应大于 10mm；

(2) 在最大荷载作用下，轨道两个支撑点之间的挠度不应大于其跨距的 1/250；

(3) 轨道接缝处的接口上下错位和左右错位不应大于 2mm；

(4) 每根轨道长度不应大于 12m，在轨道 6～18m 处应设置伸缩缝，伸缩缝的宽度不应大于 3mm；

(5) 当轨道焊接口不在预埋钢板上时，在焊接口的下部必须焊加强垫板，垫板厚度不应小于轨道腹板的厚度；

(6) 焊缝表面不得有夹渣、气孔、裂纹等缺陷；

(7) 轨道接口的上表面和翼缘应磨平，切口应平整美观；

(8) 轨道表面应作防锈、防腐处理；

(9) 在轨道的起点和终点应设置限位挡块；

(10) 转弯轨道轨面圆弧应平整，不得有凸起、损伤、裂纹现象；

(11) 轨道道岔和转盘应能灵活扳动，定位应准确可靠，在转向点和分岔点处应设置定位装置。

2) 屋面上水平及倾斜轨道应符合下列要求：

(1) 轨道直线段轨距的偏差不应大于轨距的 1/150，曲线段的轨道应保证擦窗机正常运行；

(2) 同一横截面处两根轨道的表面高差不应大于轨距的 1/400。

3) 屋面上立式轨道应符合下列要求：

(1) 轨道轨距的偏差不应大于轨距的 1/150；

(2) 在最大荷载作用下，轨道两个支撑点之间的挠度不应大于其跨距的 1/250。

4) 屋顶单悬水平轨道的中心线在任意 6m 长度内的偏差不应大于 10mm。

4. 预埋件及基础锚栓的安装要求

预埋件及基础锚栓是擦窗机设备的基础，预埋件埋设是按经建筑设计师批准的图样由土建总承包进行施工的，基础锚栓是在没有预埋件情况下进行擦窗机基础安装中采取的一种施工方法，预埋件及基础锚栓的坐标及相互尺寸、预埋件基础底板边与墙壁边缘距会直接影响擦窗机的安装质量，因此，必须进行质量控制。此外，预埋件螺栓及基础底板如不进行防锈处理也将影响质量，《擦窗机安装工程质量验收规程》JGJ 150—2008 对预埋件及基础锚栓的安装作了如下具体规定：

1）预埋件的埋设应符合下列要求：

（1）预埋件的坐标及尺寸应符合施工图的要求；

（2）预埋件基础的底板边缘与墙壁边缘的距离应大于 50mm；

（3）预埋件螺栓及基础底板的表面应作防锈处理。

2）基础锚栓应符合下列要求：

（1）锚栓的中心至基础或构件边缘的距离不得小于锚栓公称直径（d）的 7 倍，底端至基础底面的距离不得小于 3 倍锚栓公称直径，且不得小于 30mm；相邻两根锚栓的中心距离不得小于 10 倍锚栓公称直径。

（2）装设锚栓的钻孔不得与基础或构件中的钢筋、预埋管和电缆等埋设物相碰；不得采用预留孔。

（3）锚栓基础的混凝土强度不得小于 10MPa。

（4）在基础混凝土有裂缝的部位不得使用锚栓。

（5）锚栓钻孔的直径和深度应符合设计的规定。

5．插杆装置的安装要求

（1）插杆结构件不得有变形、开焊、裂纹和破损现象。

（2）插杆与基座的连接应牢固可靠。在移位或拆卸时，插杆不得倒向女儿墙外侧。

（3）插杆与插座间应安装定位装置，插杆在悬挂工作状态时不得转动。

（4）插杆应有足够高度。

（5）对于吊船不收回楼顶的插杆装置，当插杆悬臂超过 1500mm 时，应设置用以收放钢丝绳的外伸支承装置。

6．台车、滑梯和爬轨器的安装要求

（1）对于非封闭轨道的台车、滑梯或爬轨器应设置可靠的行程限位开关。

（2）台车、滑梯或爬轨器必须在吊船位于最高设计位置，或有关保护装置和互锁装置在设定的位置上时方能运行。

（3）在使用台车、滑梯或爬轨器前，应对后备保护装置进行检查，后备保护装置动作必须准确可靠。

（4）台车、滑梯应设有定位装置，在吊船处于停放位置时，台车或滑梯应能被可靠固定。

（5）台车内的平衡配重物应可靠地固定。

（6）台车抗倾覆系数不应小于 2。

（7）当依靠楼顶固定装置保证台车、滑梯或爬轨器的稳定性时，固定装置应牢固、可靠，不得有明显的弯曲和变形。

（8）带升降机构的台车或滑梯，应保证其各运动部件能灵活运动，台车、滑梯或臂架的升降应平稳，不得出现跳跃式升降现象和卡阻现象。

（9）对于带升降机构的台车、滑梯，应检查其升降机构的上下限位装置，上下限位装置应能正常动作。

(10) 对于靠钢丝绳或链传动实现升降运动的台车、滑梯，其系统应设置可靠的后备保护装置。由单根钢丝绳或链条传动的绳链的安全系数不应小于 8；由双根绳链传动的绳链的安全系数不应小于 12。对于靠齿轮和齿条实现升降运动的台车、滑梯，应设置防止台车、滑梯或臂架自重引起下滑的制动保护装置。对于靠液压系统实现升降运动的台车、滑梯，应设置防止台车、滑梯或臂架自重引起下滑或因管路破裂、泄漏而导致下坠的装置。

(11) 应保证台车与吊船间的通信设备能正常使用。

(12) 台车的罩壳应封闭，安装应牢固、可靠。

(13) 台车、滑梯和爬轨器在额定荷载下，应能平稳运行并可靠制动，结构在工作时不得有明显扭曲、变形，部件不得有开焊、裂纹、破损现象。

7. 吊臂安装要求

(1) 在使用伸缩变幅的吊臂或仰俯变幅的吊臂前，应对其伸缩限位装置或上下限位装置进行检查，其限位装置动作必须准确可靠。

(2) 对于靠钢丝绳或链传动实现变幅运动的吊臂，其系统应设置可靠的后备保护装置。由单根钢丝绳或链条传动的绳链的安全系数不应小于 8；由双根绳链传动的绳链的安全系数不应小于 12。对于靠齿轮齿条或丝杠实现变幅运动的吊臂，应设置防止臂架自重引起下滑的制动保护装置。对于靠液压系统实现变幅运动的吊臂，应设置防止因臂架自重引起下滑或因管路破裂、泄漏而导致下坠的装置。

(3) 当台车上装有变幅双吊臂时，两个臂架的运动应保持同步。

8. 卷扬式起升机构安装要求

1) 在停电或电源故障时，手动升降机构应能正常工作。

2) 在使用吊船前，应检查其上下限位保护装置，上下限位保护装置动作必须准确可靠。

3) 卷扬式起升机构的制动器应符合下列规定：

(1) 主制动器或后备制动器应能制动悬吊总载荷的 1.25 倍；

(2) 主制动器应为常闭式，在停电或紧急状态下，应能手动打开制动器。后备制动器(或超速保护装置)必须独立于主制动器，在主制动器失效时应能使吊船在 1m 的距离内可靠停住。

4) 对于多层缠绕的卷筒，在吊船处于最高位置时，卷筒两端侧缘的高度应超过最外层钢丝绳，其超出高度不应小于钢丝绳直径的 2.5 倍。

5) 钢丝绳的固定装置应安全可靠，并应易于检查。在吊船处于最低位置时，卷筒上的钢丝绳安全圈数不应少于 3 圈；在保留 3 圈的状态下，固定装置应能承受不小于 1.25 倍钢丝绳的额定拉力。

6) 卷扬机构必须设置钢丝绳的防松装置，当钢丝绳发生松弛、乱绳、断绳时，卷筒应能立即自动停止转动。

7) 滑轮上应设置防止钢丝绳脱槽的装置，该装置与滑轮最外缘的间隙，不得超过钢丝绳直径的 1/5。

8) 排绳机构应能使钢丝绳安全无障碍地通过，使钢丝绳整齐地缠绕在卷筒上。在采用链轮链条传动时，应能调节链条的张紧度。

9）制动器应便于检修和调整，其制动动作应准确可靠。

10）卷筒的安装应牢固可靠，并应转动灵活。

11）滑轮应转动灵活，其侧向摆动的幅度不得超过滑轮直径的 1/1000。

12）卷扬装置应保证吊船在工作中的纵向倾斜角度不大于 8°。

9. 回转机构安装要求

(1) 回转机构的外露转动部件应设置防护罩。

(2) 回转机构限位装置的动作必须准确可靠。

(3) 只有在吊船升至设计的最高位置或其他预定位置时，方可进行回转操作。

(4) 回转机构应转动灵活，其启动和制动动作应准确可靠。

10. 行走机构安装要求

(1) 擦窗机在所规定的工况下行走时，应能保证平稳地启动和制动。

(2) 当擦窗机设有防倾装置时，应保证擦窗机在工作或非工作时符合本规程第 4.6.6 条的规定。当擦窗机设有卡轨钳时，应保证擦窗机在停放状态下不被风吹动。

(3) 擦窗机行走轮的位置应安装准确，转动灵活，与擦窗机底架的连接应可靠。

(4) 轮载式擦窗机应采用实心轮。

11. 吊船安装要求

(1) 吊船四周应装有固定式的安全护栏，护栏应设有腹杆。护栏高度靠建筑物的一侧不应低于 0.8m，其他部位不应低于 1.1m，护栏应能承受 1000N 的水平集中荷载。护栏下部四周应设有高度不小于 150mm 的挡板，挡板与底板间隙不得大于 5mm。

(2) 吊船内的工作宽度不应小于 0.4m，并应设置防滑底板，底板有效面积不应小于 $0.25m^2$/人。底板应坚固、可靠；除排水孔外，不得有缝隙；排水孔直径不应大于 10mm。

(3) 吊船上的进出小门不得朝外开，并应有可靠的锁定装置。

(4) 吊船底部必须设置防撞杆，并应保证防撞杆的动作准确可靠。

(5) 吊船上必须设有超载保护装置，当工作载重量超过额定载重量的 1.25 倍时，应能制止吊船运动。

(6) 当额定载重量从吊船内侧移向外侧时，其横向倾斜角度应小于 15°。

(7) 对于伸缩式吊船，应保证吊船与其配重之间的平衡。

(8) 当吊船承受 2 倍的均布额定载重量时，不得出现焊缝裂纹以及螺栓、铆钉松动和结构件破坏等现象。

(9) 当在允许乘载人数范围内的人员聚集在吊船变幅最大位置或伸出平台悬出端时，吊船应能保持平衡，并应有足够的稳定性。

(10) 吊船上应设有系安全带的挂钩或其他可靠连接点。

(11) 擦窗机宜配置独立的安全绳。

(12) 吊船应设有靠墙轮或导向、缓冲装置。

(13) 应在吊船的明显部位醒目地注明额定载重量和允许乘载的人数及其他注意事项。

12. 钢丝绳安装要求

1) 钢丝绳的最小直径不应小于 6mm。

2) 钢丝绳端部的固定应符合下列要求：

(1) 用钢丝绳绳夹固接时，其固接强度不应小于钢丝绳破断拉力的 85%。

(2) 用编结方式固接时，编结长度不应小于钢丝绳直径的 20 倍，且不应小于 300mm。其固接强度不应小于钢丝绳破断拉力的 75%。

(3) 用楔与楔套固接时，其固接强度不应小于钢丝绳破断拉力的 85%。

(4) 用锥形套浇注法固接时，其固接强度不应小于钢丝绳的破断拉力。

(5) 用铝合金压制法固接时，应采取可靠的工艺使铝合金套与钢丝绳紧密贴合，其固接强度不应小于钢丝绳破断拉力的 90%。

(6) 用压板固接时，其固接强度不应小于钢丝绳的破断拉力。

13. 电气控制系统安装要求

1) 擦窗机的绝缘性能应符合下列要求：

(1) 主电路相间绝缘电阻不小于 0.5MΩ。

(2) 电气线路绝缘电阻不小于 2MΩ。

(3) 引入电控箱内的橡胶绝缘电缆的芯线应采用外套绝缘管保护。

2) 擦窗机的接地性能应符合下列规定：

(1) 擦窗机的主体结构、电机及所有电气设备的金属外壳和护套必须接地。

(2) 接地电阻不大于 4Ω。

(3) 二次回路接地应设专用螺栓。在接地处必须有接地标志。

(4) 用于固定轨道、插座等金属构件的锚固件必须与建筑物或构筑物的金属结构或混凝土结构内的钢筋焊接，并应采用搭接焊，其搭接引线的截面尺寸及搭接长度应符合下列规定：

圆钢的直径不得小于 8mm，扁钢、角钢和钢管的厚度不得小于 2.5mm；扁钢的搭接长度应为其宽度的 2 倍，且焊接的棱边不得少于 3 个；圆钢的搭接长度应为其直径的 6 倍；当圆钢与扁钢搭接时，搭接长度应为圆钢直径的 6 倍。轨道两端应各设 1 组接地引线；两条轨道应作环形电气连接；轨道接头处应作电气连接；较长轨道每隔 30m 应加 1 组接地引线。

3) 擦窗机应安装在建筑物或构筑物的防雷装置的保护范围内。

4) 擦窗机的电气保护装置及保护功能应符合下列规定：

(1) 电气系统必须设置过载、短路、漏电等保护装置。

(2) 必须设置在紧急状态下能切断主电源控制回路的急停按钮。急停按钮不得自动复位。

(3) 三相电力系统应具有错相和断相保护功能。

(4) 吊船内的控制系统和屋顶台车控制系统应能互锁。起升、行走、回转和变幅的动作之间应能保证电气的互锁。

(5) 楼顶台车应设置擦窗机各种动作的控制按钮和报警装置。

5) 电气控制系统的供电应采用三相五线制，接零、接地线应始终分开，接地线应采用黄绿相间线。

6) 电器元件的型号、规格应符合设计要求，并应做到外观完好、附件齐全、排列整齐、固定牢靠、密封良好。

7) 电器控制箱应符合下列要求：

(1) 应能保证控制按钮的动作准确可靠，标志清晰，外露部分绝缘。

(2) 控制箱门应能上锁。

14. 液压系统安装要求

(1) 在液压系统中必须设平衡阀或液压锁。平衡阀或液压锁应直接安装在液压缸上。

(2) 液压泵和液压电机的外露旋转部分必须设置防护罩。

(3) 液压传动应保持平稳，不得发出异常声响。

15. 爬升式起升机构、安全锁安装要求

1) 提升机的制动器应预先在吊船均布 1.25 倍额定载荷的条件下进行行程为 5m 的上下运行试验，当确认其制动正常可靠后，方可使用。制动器必须设有手动释放装置，动作应灵敏可靠。

2) 提升机应能承受 1.25 倍的额定提升力。

3) 手动提升机的闭锁装置在变换方向时，应保证其动作准确，安全可靠。

4) 擦窗机采用爬升式提升机时必须设置安全锁或具有相同作用的独立安全装置，其功能应满足下列要求：

(1) 对于离心触发式安全锁，当吊船运行速度达到安全锁锁绳速度时，应能自动锁住安全钢丝绳，使吊船在 200mm 范围内锁住。

(2) 对于摆臂式防倾斜安全锁，吊船工作时的纵向倾斜角度不得大于 8°；当大于 8°时，应能自动锁住并停止运行。

(3) 对于安全锁或具有相同作用的独立安全装置，应保证其在锁绳状态下不能自动复位。

(4) 在安全锁进行静载荷试验时，其静置 10min 不得出现任何滑移现象。

(5) 离心触发式安全锁锁绳速度不得大于 30m/min。

(6) 安全锁与吊船应连接可靠，在进行锁绳试验后，其连接处不应有异常变形、裂纹和损坏现象。

(7) 安全锁必须在有效标定期限内使用。

5) 爬升式起升机构必须设置相互独立的工作钢丝绳和安全钢丝绳。

6) 人力驱动提升机的设计操作力不应大于 250N。

7) 提升机应具有良好的穿绳性能，不得卡绳和堵绳。

8) 提升机所有转动的外露部分应设置机罩或防护装置。

9) 应设置收绳装置，该装置与吊船的连接必须可靠。

10) 吊船在进行静载荷试验达 15min 时，爬升式提升机的钢丝绳在牵引盘中不应出现滑移现象。提升机的承载件不应出现失效、变形和裂纹现象。在卸载后起升机构应能立即正常工作。

16. 整机安装验收要求

擦窗机整机安装调试完毕后安装单位应对设备进行试运行试验，这是安装单位的自检过程，自检合格后才能提交专业检验单位或监理单位进行竣工检验。《擦窗机安装工程质量验收规程》JGJ 150—2008 对整机安装验收作了如下要求：

1) 整机安装调试完毕后应进行设备的试运行试验，由安装单位自检，并应将检查结果填入本规程的附录 M。

2) 整机安装调试完毕后应进行整机安装工程质量检查验收，并应达到本规程附录 K

规定的要求。

3）判定规则应符合下列规定：

（1）按本规程的附录K进行检查验收时，在强制性检验项目和重要检验项目中任一项不合格，或一般项目中超过六项不合格，均应判定为不合格。

（2）一般项目中不合格的项目不超过六项，则可调整修复，调整修复后应再进行补检。最终当一般项目中的不合格项目不超过三项时，可判定为合格，并准予验收。

（3）对于判定为安装不合格的擦窗机，应全面修复，在修复后方可再次报请验收。

3.4 清洗维护作业安全防范措施要求

3.4.1 《建筑物清洗维护质量要求》GB/T 25030—2010条文释义与应用

建筑物外墙清洗维护作业是高处作业，涉及安全、环保和卫生等必须保证的问题。《建筑物清洗维护质量要求》GB/T 25030—2010根据国家相关法规并结合国内城市市容发展需要进行制定，于2010年9月2日发布，2011年5月1日实施。该标准充分考虑了目前国内现有施工作业的实际情况，对建筑外表面清洗维护作业的范围、材料、设备、人员资格及质量等共性的问题作了规定，是建筑外表面清洗维护作业的质量检查和评价的依据。标准根据国内外建筑物外墙清洗维护质量技术的发展状况，在标准中包含了建筑外表面清洗维护作业用的材料、设备、人员资格和清洗维护作业安全防范措施等要求，适应了建筑物外墙清洗维护工程质量发展的需要，保证了技术性能的先进性和工程施工的安全性。

3.4.2 清洗维护设备要求

《建筑物清洗维护质量要求》GB/T 25030—2010对清洗维护设备作了具体规定，要求如下：

（1）建筑物有常设的外墙清洗维护设备时，应在保证安全的条件下优先选用该设备。

（2）建筑物没有常设的外墙清洗维护设备时，应按建筑物外形、工期、效果、安全等因素选择施工设备。

（3）对新建建筑，在高度超过40m时，应优先设置擦窗机，该设备应符合《擦窗机》GB 19154—2003的要求。

（4）对既有建筑，未设置擦窗机时，可优先选用高处作业吊篮进行清洗、维护作业。

（5）受建筑物结构限制，悬挂设备不具备使用条件时，应在落实有关安全技术措施，经施工企业责任人签字后，可以使用经过安全技术检验机构检验合格的座板式单人吊具或悬挂装置作业。在座板式单人吊具中，绳索必须为两根，并且独立固定于楼顶可靠的结构上，一根为工作绳，一根为安全绳。工作绳和安全绳直径不应小于16mm，绳索应使用涤纶、锦纶纤维材料制作，严禁使用丙纶纤维材料制作。当工作绳上发生绳索断裂时，安全绳上的自锁扣能将作业人员可靠地锁止在安全绳上。

（6）对于高度在40m以下的建筑可选用高空作业机械进行清洗维护作业，该设备应符合《高空作业机械安全规则》JG 5099—1998要求。

3.4.3 清洗维护作业安全防范措施要求

为保证清洗维护作业的安全，《建筑物清洗维护质量要求》GB/T 25030—2010 对清洗维护作业施工单位、设备供应单位及作业环境要求作了具体规定，要求如下。

1. 清洗维护作业施工单位

1）建筑外表面清洗维护作业的企业应建立、健全安全生产责任制，并执行以下规章制度，做好记录和存档工作：

（1）安全生产责任制；

（2）高处悬挂作业安全规程；

（3）施工工艺方案；

（4）悬挂设备安全操作规程；

（5）悬挂设备安装及调试技术规程；

（6）悬挂设备安全检查制度；

（7）悬挂设备维护、保养及检修制度；

（8）劳动防护用品发放与穿戴制度；

（9）作业人员、设备安装维修人员安全培训考核制度；

（10）高处悬挂作业紧急情况下的应急预案；

（11）高处悬挂作业安全事故应急救援预案。

2）施工企业必须对使用设备进行安全检查。安全检查分日常检查和定期检查，日常检查由班组在上班前进行，定期检查由企业安全管理部门负责组织，定期检查记录由企业安全管理部门负责人签字并存档备案。其中悬挂作业设备的钢丝绳每次施工前应检查一次；座板式单人吊具每次施工前应检查一次。

3）新安装、大修后及闲置一年以上的高空作业设备、高处悬挂设备和装置，启动前应由有资质的检测机构按国家相应标准进行安全性能检查。

2. 清洗维护作业设备供应单位

（1）设备的设计、制造单位必须严格按照《擦窗机》GB 19154—2003、《高处作业吊篮》GB 19155—2003 和《高空作业机械安全规则》JG 5099—1998 等标准设计制造，并对所设计制造的设备安全性能负责。

（2）制造高空作业设备、高处悬挂设备和装置的企业的产品必须经政府有关部门或授权单位组织的鉴定。设备的安全性能测试工作由国家认可的具有相应检测资质的机构进行。

（3）高空作业设备、高处悬挂设备和装置及电气、机械安全附件、安全装置、安全绳和安全带等特种劳动防护用品必须符合现行国家及行业有关标准的规定。悬挂设备的产权单位应逐台建立产品及使用、检验、维修、保养档案。

（4）高处悬挂作业所使用的工具、器材等必须采取可靠的防坠措施。

（5）高处悬挂设备的租赁企业应保证设备的安全性能和可靠性，并出具设备安全性能检验报告，同时签订租赁合同，对所租赁设备的安全性能负责。

3. 清洗维护作业环境要求

（1）高处悬挂作业应保证现场区域和四周环境的安全，其作业下方应设置警戒线，并有人看守，在醒目处应设置“禁止入内”的标志牌。

(2) 不应在同一垂直方向，上下同时作业。在距高压线 10m 区域内无专业安全防护措施时严禁作业。

(3) 高处悬挂作业严禁在大雾、大雨、大雪、大风(风力超过 5 级，风速 8.3m/s)等恶劣气候及夜间无照明时作业；气温超过 40℃或低于零下 20℃时，不应进行施工操作。

(4) 建筑物有常设的外墙清洗维护设备时，应在保证安全的条件下优先选用该设备。

(5) 建筑物没有常设的外墙清洗维护设备时，应按建筑物外形、工期、效果、安全等因素选择施工设备。

(6) 对新建建筑，在高度超过 40m 时，应优先设置擦窗机，该设备应符合《擦窗机》GB 19154—2003 的要求。

(7) 对既有建筑，未设置擦窗机时，可优先选用高处作业吊篮进行清洗、维护作业。

(8) 受建筑物结构限制，悬挂设备不具备使用条件时，应在落实有关安全技术措施，经施工企业责任人签字后，可以使用经过安全技术检验机构检验合格的座板式单人吊具或悬挂装置作业。在座板式单人吊具中，绳索必须为两根，并且独立固定于楼顶可靠的结构上，一根为工作绳，一根为安全绳。工作绳和安全绳直径不应小于 16mm，绳索应使用涤纶、锦纶纤维材料制作，严禁使用丙纶纤维材料制作。当工作绳上发生绳索断裂时，安全绳上的自锁扣能将作业人员可靠地锁止在安全绳上。

(9) 对于高度在 40m 以下的建筑可选用高空作业机械进行清洗、维护作业，该设备应符合《高空作业机械安全规则》JG 5099—1998 要求。

3.4.4 清洗维护作业从业人员的要求

《建筑物清洗维护质量要求》GB/T 25030—2010 对清洗维护高空作业从业人员的要求作了如下具体规定：

(1) 应经过专业安全技术培训，经国家相关主管部门认定的培训机构考核合格后方可持证上岗。

(2) 无不适应高处作业的疾病和生理缺陷。患有高血压、心脏病、恐高症等不宜从事高空作业的人员不得从事高处悬挂作业。

(3) 酒后、过度疲劳、情绪异常者不应上岗。

(4) 作业时应佩戴附本人照片的特种作业操作证。

(5) 作业时应戴安全帽，使用安全带。高处悬挂作业人员必须能正确熟练地使用保险带和安全绳。安全绳上端固定应牢固可靠，使用时安全绳应基本保持垂直于地面，作业人员身后余绳不得超过 1m。禁止两人同时使用一条安全绳。安全带上的自锁钩应扣在单独悬挂于建筑物顶部牢固部位的保险绳上。

(6) 操作人员不应穿拖鞋或塑料底等易滑鞋进行作业。

(7) 操作人员上机器操作前，必须认真学习和掌握使用说明书，应按检验项目检验合格后，方可上机操作，使用中严格执行安全操作规程。

(8) 使用双动力升降施工设备时操作人员不允许单独一人进行作业。

(9) 操作人员应在地面进出悬吊平台，不得在空中攀缘窗口出入，严禁作业人员从一悬吊平台跨入另一悬吊平台。

(10) 作业人员发现事故隐患或者不安全因素，有权要求企业负责人采取相应的劳动保护措施。

(11) 高处悬挂作业人员在身体不适应或安全得不到保证的情况下有权拒绝进行高处悬挂作业。对管理人员违章指挥，强令冒险作业的，有权拒绝执行。

3.5 擦窗机的维护与保养

3.5.1 擦窗机的日常维护与保养

1. 卷扬机、提升机和安全锁的日常维护与保养

(1) 及时清除表面污物，避免进、出绳口混入杂物，损伤机内零件。

(2) 按《擦窗机使用说明书》规定的类型、牌号的润滑剂对规定的部位进行有效润滑。

(3) 作业前进行空载试运行，检查有无异常情况。

(4) 在运行中发现异响、异味或异常高温，立即停车检修。

(5) 作业后进行妥善遮盖，避免雨水、杂物等侵入机体。

(6) 在拆装、运输和使用中避免发生碰撞损伤机壳。

2. 结构件的维护与保养

(1) 作业前检查并且紧固销轴和螺栓等紧固件；检查构件变形、裂纹及局部损伤是否超标。

(2) 作业后及时清理表面污物。在清理时要注意保护表面漆层。

(3) 发现漆层被破坏，应及时补漆，避免锈蚀。

(4) 在拆装和运输中，应轻拿轻放，切忌野蛮操作。

3. 钢丝绳的日常维护与保养

(1) 及时清除表面粘附的涂料、水泥、胶粘剂和堵缝剂等污物。

(2) 作业前检查钢丝绳表面断丝、磨损或局部缺陷是否达到报废标准。

(3) 检查绳夹固定情况。发现绳夹固定处出现疲劳破坏或硬伤时，应及时截断，并重新按规定进行绳端固定。

(4) 发现断丝应及时将其插入绳芯部，并且做好记录。当断丝达标时，应立即更换钢丝绳。

(5) 拆下的钢丝绳应捆扎成卷。运输和存放时不得将重物堆放其上。长期存放，要注意避雨防潮。

(6) 安装完毕后，将富余在地面的钢丝绳捆扎成盘，平放在地面上。

4. 电气系统的维护与保养

(1) 电控箱内要保持清洁无杂物。

(2) 作业前检查接头、插头有无松动现象。

(3) 作业中避免电控箱、限位开关和电缆线受外力冲击。

(4) 遇电气故障及时排除。

(5) 作业完毕，及时拉闸断电，锁好电控箱门，并且妥善遮盖电控箱。

3.5.2 擦窗机的定期检修

1. 定期检修包括日常维护与保养的全部内容

2. 电气系统的定期检修

(1) 检查电缆损伤情况。对表面局部轻微损伤的用绝缘胶布进行修补。对损伤严重的进行更换。

(2) 检查电缆在平台上的固定是否良好。

(3) 检查各元件有无失灵或破损，进行修复或更换。

(4) 检查接触器触点烧蚀情况。对轻微烧蚀处用 0 号砂纸打磨修复，对严重烧蚀处进行更换。

(5) 测量绝缘电阻、接地电阻和接零电阻是否符合标准规定。

3. 屋面机构和悬吊平台(吊船)的定期检修

(1) 检查受力构件的变形和腐蚀情况。

(2) 检查焊缝的开裂或裂纹情况。

(3) 检查紧固件连接的松动情况。

(4) 检查插接件的变形或磨损情况。

(5) 检查行走机构和回转机构的润滑是否良好，动作是否正常。

(6) 检查上限位和下端的防撞保护情况是否正常。

(7) 检查超载保护装置是否正常。

(8) 检查液压系统各零部件是否工作正常。

(9) 检查变幅机构传动是否正常，钢丝绳、链条、油缸、齿轮齿条有无异常。

4. 卷扬机、提升机的定期检修

(1) 检查卷扬机减速箱体、提升机机壳有无裂纹，有无渗油、漏油现象。

(2) 检查进绳口、出绳口导(分)绳块等易损件的磨损是否超标。

(3) 检查卷扬机、提升机手动滑降装置的完好情况。

(4) 检查电动机制动摩擦片的磨损情况。调整摩擦片的制动间隙使之达到说明书的规定。

(5) 检查排绳机构排绳是否准确、正常，超速保护装置是否正常、可靠。

(6) 检查松绳保护装置和防乱绳保护装置是否正常、可靠。

5. 安全锁的定期检修

(1) 检查转动部件的润滑情况，加注适量润滑剂。

(2) 检查预紧弹簧的复位力是否正常。

(3) 检查开启手柄和闭锁手柄的启闭动作是否正常。

(4) 检查辊轮转动及轮槽的磨损情况。

(5) 检查摆臂摆动是否灵活、正常。

6. 钢丝绳和安全保险绳的定期检修

(1) 检查断丝、磨损是否超标。

(2) 检查绳端固定位置是否需要新固定。

(3) 检查安全保险绳与建筑物转角接触处是否磨损超标。

3.5.3 擦窗机的大修

1. 电气系统的大修

(1) 修复或更换失灵或失效的所有电气元件。

(2) 检查电缆线绝缘层是否破损或龟裂老化。对无法修复的予以更换。

(3) 检查各接头、接点的连接情况，必要时按规范要求重新整理或接线。

(4) 上试验台全面检查电控箱的各项动作是否正常可靠。

2. 屋面机构、悬吊平台和电控箱的大修

(1) 清理表面附着物、残漆及浮锈。

(2) 检查磨损或锈蚀是否超标。对超标的构件进行更换。

(3) 检查构件变形及焊缝裂纹。对可修复的构件采用合理工艺进行修复。对无法修复的构件予以更换。

(4) 检测齿轮、链轮、滑轮、齿条、回转支承、限位板、定位板以及有配合要求的关主件的轴孔几何尺寸。修复可修复的零件，更换无法修复的零件。

(5) 检验合格后进行重新涂漆。

3. 卷扬机、提升机和安全锁的大修

(1) 解体清洗。

(2) 检测齿轮、链轮、滑轮、排绳轴、蜗轮、蜗杆、夹钳、定位板以及有配合要求的关主件的轴孔几何尺寸。修复可修复的零件，更换无法修复的零件。

(3) 更换进、出绳口、护绳环、导(分)绳块、油封、轴承等易损件。

(4) 检查壳体变形、裂纹情况。修复塑性材料的壳体，更换出现裂纹的脆性材料的壳体。

(5) 按使用说明书规定加足润滑剂。

(6) 按产品大修出厂标准进行性能检验或标定。

(7) 检验合格后，开具大修出厂合格证。

4. 钢丝绳和安全保险绳的大修

(1) 逐段检查。对超标的予以更换。

(2) 对绳端部进行重新固定。

(3) 彻底清除表面附着物。

3.5.4 擦窗机的常见故障及排除方法

1. 接上电源后，电源指示灯不亮

1) 电源未接通

(1) 检查电控箱电源开关。若进线端有电，出线端无电，则电源开关失效或损坏。修理或更换电源开关。

(2) 检查漏电保护器。重新合闸，若脱扣试验按钮自动弹出，则电气系统存在漏电之处，必须仔细排除；若按钮未弹出，但出线仍无电，则漏电保护器损坏，进行修理更换。

(3) 检查相序保护器(不是吊篮必设元件)。若红色指示灯亮，则表明电源相序不正确，应更正相序；或电源缺相，应查明缺相原因并解决。

(4) 检查主回路熔断器。若主回路熔断器熔断，须先查明系统有无短路之处，排除后更换熔芯。

2）控制变压器损坏

检查控制变压器。若进线有电，出线无电，则变压器损坏，应更换。

3）电源指示灯损坏

电源已接通，只是指示灯不亮，则灯泡损坏，应更换。

2. 接通电源后，电机不动作

1）热继电器未复位或损坏

（1）热继电器因过热跳闸后未复位。应先查明线路过热原因并加以排除，然后按下复位按钮。

（2）热继电器损坏。应更换。

2）急停按钮未复位

急停按钮被按下，排除故障后未手动复位。应进行复位。

3）控制回路熔断器熔断

查明原因，排除故障后更换熔芯。

4）接触器失效或损坏

（1）线圈烧断。应更换接触器。

（2）铁芯卡住。应进行修复。

（3）触头烧损。应进行修复或更换接触器。

5）启动按钮失效或损坏

（1）启动按钮被卡住。应进行修复。

（2）启动按钮损坏。应更换。

6）有下行、无上行动作

（1）上行接触器失效或损坏。

（2）上行程限位开关失效或损坏。若限位开关被卡住，会使其常闭触点断开，即切断上行程控制回路，应排除和修复；若限位开关损坏，则更换。

7）变频器和 PLC 损坏

（1）变频器和 PLC 损坏。请专业公司维修或更换。

（2）PLC 损坏。取下后请专业公司维修或更换。

8）电机减速机异常或损坏

（1）电动机被烧毁。应更换。

（2）电动机与电控箱之间的动力线或插、接头未接通。应排除故障。

（3）电机减速机漏油或异常。请专业公司维修或更换零部件。

（4）电源缺相。应排除故障。

（5）电控箱内部缺相。应排除故障。

（6）电动机与电控箱之间缺相。应排除故障。

（7）电动机内部断相。更换电动机。

3. 松开操作按钮停不住车

（1）接触器触点粘连，修复或更换接触器。

（2）按钮被卡住或损坏，应排除故障或更换。

4. 断电后吊船下滑

卷扬机、提升机制动器失灵或损坏：

制动器摩擦片间隙过大，调整间隙；制动片沾油打滑，去除油污；制动器弹簧或摩擦片损坏，应更换。

5. 提升机夹(压)绳机构失灵

(1) 夹(压)绳机构磨损过度。应更换磨损超标的零件。

(2) 弹簧压力不足或损坏。应调整压力或更换。

(3) 钢丝绳沾油。应清除油污。

6. 上行程限位装置不起作用

1) 相序接反

相序接反时，上行程限位装置起不到限制上升的作用，而限制了提升机向下运行。应更改相序。

2) 限位开关碰不到限位挡块

调整二者之间的相互位置，使之有效接触。

3) 限位开关失灵或损坏

修复或更换限位开关。

4) 上行接触器粘连

修复或更换接触器。

7. 后备超速保护装置、安全锁失灵或失效

1) 后备超速保护装置失灵或失效

(1) 制动摩擦片磨损过度或制动机构损坏。应更换摩擦片或损坏的零件。

(2) 触发机构不灵活。应拆洗内部，重新调整。

2) 安全锁锁绳距离或锁绳角度过大

(1) 锁绳机构磨损过度。应更换磨损超标的零件。

(2) 触发机构不灵活。应拆洗内部。

(3) 钢丝绳表面沾油。应清除油污。

3) 安全锁不锁绳

(1) 预紧弹簧失效或损坏。应更换弹簧。

(2) 触发机构卡住。应进行修复。

(3) 锁内污物或油泥过多。应拆洗清除。

注意：安全锁失灵或失效后，必须送回制造厂进行修复并且重新标定。

8. 提升机经常卡绳

(1) 选用钢丝绳的结构不合理或钢丝绳缠绕不紧或局部笼状或死弯等缺陷。应更换成优质钢丝绳。

(2) 钢丝绳内存在较强的扭转应力。将钢丝绳退出提升机，然后使其自然悬垂，充分释放钢丝绳内部的扭转应力。

(3) 钢丝绳上粘有涂料、水泥、胶粘剂或堵缝剂等附着物。应及时清除。

(4) 提升机内钢丝绳通道不顺畅。应查明具体部位，排除故障。

(5) 导(分)绳块磨损严重，导致导(分)功能减弱或丧失。

9. 吊船升降倾斜

1）卷扬机构排绳不正常

（1）重新调整排绳机构。

（2）重新调整钢丝绳出绳滑轮间距。

2）吊船钢丝绳连接松紧程度不一样

（1）重新调整钢丝绳与吊船的连接。

（2）将吊船放到地面后重新连接钢丝绳。

3.5.5 擦窗机日常检查表

擦窗机日常检查表见表 3-1。

擦窗机日常检查表 **表 3-1**

设备编号： 检查日期： 年 月 日

序号	检查部位	检查项目	检查情况
1	电气系统	各插头与插座是否松动	
		保护接地和接零是否牢固	
		电源电缆的固定是否可靠，有无损伤	
		漏电保护开关是否灵敏有效	
		各开关、变频器、PLC、限位器和操作按钮动作是否正常	
2	屋面机构	零部件是否齐全，外观、油漆是否符合要求	
		结构有无变形、开焊、裂纹、破损等问题	
		转动部位润滑是否正常	
		各行走轮行走是否正常，运行和转弯是否平稳，螺栓连接是否可靠	
		行走电机能否保证整机启动、制动平稳，动作准确可靠	
		回转机构转动是否灵活，启、制动是否准确可靠	
		卷筒运转是否正常、转动是否灵活	
		卷筒上钢丝绳的固定装置是否符合设计及有关标准规定	
		卷筒上钢丝绳是否有 3 圈以上安全圈，钢丝绳绳端固接是否符合《建筑卷扬机》GB/T 1955—2002 的要求	
		在停电或电源故障时，手动下降机构是否工作正常可靠	
		两套独立的制动器动作是否准确、可靠	
		排绳机构及各滑轮位置是否正确，工作时钢丝绳出进是否正常，是否有卡滞或脱槽现象	
3	钢丝绳	有无断丝、毛刺、扭伤、死弯、松散、起股等缺陷	
		局部是否附着混凝土、涂料或粘结物	
		接头绳夹是否松动，钢丝绳有无局部损伤	
		上限位止挡和下端坠铁是否移位或松动	
4	安全带及安全保险绳	安全带的自锁器安装方向是否正确	
		安全保险绳有无断丝、断股或松散现象	
		接头连接处及固定端是否牢固可靠	

续表

序号	检查部位	检查项目	检查情况
5	安全锁	动作是否灵敏可靠	
		锁绳角是否在规定范围内或快速抽绳是否锁绳	
		与吊架连接部位有无裂纹、变形、松动	
6	提升机	运转是否正常，有无异响、异味或过热现象	
		制动器有无打滑现象；摩擦片间隙是否符合说明书要求	
		手动滑降是否灵敏有效	
		润滑油有无渗、漏，油量是否充足	
		与吊架连接部位有无裂纹、变形、松动	
7	悬吊平台	有无弯扭或局部变形，焊缝有无裂纹	
		紧固件和插接件是否完整	
		底板、护板和栏杆是否牢靠	

操作人员： 负责人：

3.5.6 擦窗机安装检查验收表

擦窗机安装检查验收表见表3-2。

擦窗机安装检查验收表 **表3-2**

擦窗机安装检查验收表			编号		
工程名称			检验时间		
设备名称			安装部位		
型号规格			安装单位		
检查部位	序号	检查项目	标准值/规定	检查/结论	备注
轨道	1	轨距偏差	≤1/150 轨距		
	2	同截面两轨面标高差	≤1/400 轨距		
	3	轨道支撑点间最大挠度	≤1/250 跨距		○
	4	水平轨道任意6m内标高差	≤10mm		
	5	单悬轨道中心线在水平面内任意6m内偏差	≤10mm		
	6	接口	错位：上下≤2mm；左右≤2mm		
	7	轨节长度	≤12m		
	8	伸缩缝(转向轨道不设)	① 6～18m内设1处 ② 间隙≤3mm		
	9	始点、终点；道岔	设置限位挡块；设置定位装置		○
	10	轨道表面	焊缝符合规定、表面防锈防腐处理		○
预埋件及基础胀锚螺栓	11	基础底板边与墙壁边距离	＞50mm		○
	12	锚栓中心至基础或构件边距 底端至基础底面的距离 相邻锚栓中心距	≥7d(d为锚栓公称直径) ≥3d，且≥30mm ≥10d		○

续表

检查部位	序号	检查项目	标准值/规定	检查/结论	备注
插杆装置	13	结构件	无变形、开焊、裂纹、破损		○
	14	插杆移位或拆卸时	不得倒向女儿墙外侧		
	15	插杆与插座间	应安装定位装置		○
	16	悬臂超过 1.5m 的插杆	应设收放钢丝绳支承装置		
台车、滑梯和爬轨器	17	非封闭轨道的台车、滑车或爬轨器	应设行程限位开关并动作正常		○
	18	台车、滑车或爬轨器运行	① 吊船位于最高设计位置 ② 有关保护装置和互锁装置必须在设定的位置上		○
			③ 运行前，检查后备保护装置必须动作准确、可靠		*
	19	台车、滑梯	停放位置应设定位装置		○
		台车抗倾覆系数	≥2		*
	20	依靠楼顶固定装置来保证稳定时	应牢固可靠，在承受 2 倍额定载荷下试验时没有明显的弯曲、变形等不正常现象		○
	21	台车与吊船间	应设置通信设备		
	22	带升降机构的台车或滑梯	应有上下限位和后备保护装置，动作正常		○
	23	台车、滑梯和爬轨器在额定载荷下	应运行平稳、制动可靠。结构无明显扭曲、变形现象，部件无开焊、裂纹、破损		○
吊臂	24	变幅的吊臂	伸缩或上下限位装置动作必须准确可靠		*
	25	变幅吊臂	应有可靠的后备保护装置		○
卷扬式起升机构	26	起升机构	① 手动升降机构停电或电源故障时应能正常工作 ② 吊船上下限位保护装置动作必须准确可靠 ③ 应保证吊船在工作中的纵向倾斜角度≤8°		*
	27	制动器	① 两套制动器均能制动悬吊总载荷的 1.25 倍 ② 主制动器为常闭式，能手动打开 ③ 后备制动器必须能使吊船在 1m 内停住		*
	28	卷筒	① 多层绕卷筒侧缘超过外层钢绳高度≥2.5d(d 为钢丝绳直径) ② 钢丝绳安全圈数≥3		○
			③ 必须设置防松绳装置，当钢丝绳发生松弛、乱绳、断绳时，卷筒应立即停止转动		*
	29	滑轮	防脱槽装置与滑轮外缘间隙≤1/5d(d 为钢丝绳直径)		○

续表

检查部位	序号	检查项目	标准值/规定	检查/结论	备注
回转机构	30	外漏转动部件	应设置防护罩		○
	31	限位装置	应根据使用要求设置，并且动作准确可靠		○
	32	互锁装置	吊船位于最高位置方可回转		○
	33	转动	灵活，启、制动准确可靠		○
行走机构	34	行走时	应保证启动、制动平稳		○
	35	卡轨钳及防倾装置	应保证设备安全可靠		○
	36	轮载式擦窗机	应采用实心轮		○
	37	行走轮位置	应准确，转动灵活，连接可靠		○
吊船	38	护栏	① 工作侧高度≥0.8m，其他高度≥1.1m ② 挡板高度≥150mm ③ 挡板与底板间隙≤5mm ④ 承载≥1000N水平集中载荷		○
	39	底板	① 有效面积≥0.25m²/人 ② 排水孔直径≤10mm		
			③防滑底板坚固可靠、无缝隙		○
	40	内部工作宽度	≥0.4m		
	41	进出小门	不得朝外开，且应有锁定装置		○
	42	底部	必须设置防撞杆，且动作准确可靠		*
	43	超载保护装置	能制止超载25%的吊船运动		*
	44	吊船倾斜限制	① 横向倾斜角度≤15° ② 伸缩式吊船与配重应平衡		○
	45	强度和刚度	能承受2倍均布额载		○
	46	应设置	① 安全带挂钩或连接点 ② 靠墙轮或导向、缓冲装置		○
	47	在明显部位应醒目注明	额定载重量、人数及注意事项		○
钢丝绳	48	最小直径	≥6mm		○
	49	绳端固定	检查固接强度，连接可靠		○
电气控制系统	50	绝缘性能	① 主电路相间绝缘电阻≥0.5MΩ ② 电气线路绝缘电阻≥2MΩ		*
	51	接地性能	① 主体结构、电机及所有电气设备金属外壳和护套必须接地 ② 接地电阻≤4Ω		*
			③应设专用接地螺栓及接地标志		○
	52	防雷避雷	轨道、插座与建筑避雷系统间有效连接		○
	53	电气保护装置	① 必须设置过载、短路、漏电等保护装置 ② 必须设置急停按钮		*

续表

检查部位	序号	检查项目	标准值/规定	检查/结论	备注
电气控制系统	53	电气保护装置	③ 应设错相断相保护装置 ④ 两控制系统间及各动作间应设电气互锁 ⑤ 台车上应设置控制按钮和报警装置		○
	54	电气控制系统供电	应采用三相五线制		○
	55	电气控制箱要求	① 控制按钮标志清晰 ② 控制箱门应上锁		
液压系统	56	平衡阀、液压锁	必须直接装在液压缸上		*
	57	外露旋转部分	必须设置防护罩		○
	58	液压传动	应平稳，不得有异常声响		
爬升式起升机构、安全锁	59	提升机制动器	① 在吊船均布 125%的额定载荷下进行上下 5m 内的行程试验，制动正常、可靠		○
			② 必须设手动释放装置，动作应灵敏可靠		○
	60	提升机提升力	能承受 125%的额定提升力		○
	61	手动提升机	必须设有闭锁装置，当提升机变换方向时，应动作准确，安全可靠		○
	62	离心触发式安全锁	在锁绳速度≤30m/min 时能锁住，使平台在 200mm 范围内停住		*
	63	摆臂式防倾斜安全锁	在悬吊平台纵向倾斜角度≤8°时，能锁住并停止运行		*
	64	安全锁承受 150%的额载	静置 10min 不得有任何滑移现象		○
	65	安全锁与悬吊平台的连接强度	进行锁绳试验后其连接处没有异常变形、裂纹和损坏现象		○
	66	安全锁	必须在有效标定期限内使用		*
	67	手动提升手柄操作力	≤250N		
	68	提升机承受 150%的额载	静置 15min 不应出现滑移		○
	69	与爬升式提升机配套的吊船	① 应设置收绳装置 ② 应配置独立悬挂的安全绳		○

检验结论：

检验单位盖章
年 月 日

参加检验人员：

检验单位负责人批准： 年 月 日	检验单位技术负责人审核： 年 月 日	检验单位报告编制人员： 年 月 日

注：1. 表中备注栏中带“*”的为强制性检验项目，备注栏中带“○”的为重要检验项目，其余为一般项目。
2. 本表由检验单位填报。

3.6 擦窗机安全操作规程

3.6.1 擦窗机安全操作基础规程

1. 对操作人员的基本要求

(1) 年满18周岁，初中(含)以上文化程度。

(2) 无不适合高处作业的疾病和生理缺陷。

(3) 必须经过吊篮操作安全技术培训，经考核合格，并取得特种作业操作证，持证上岗操作。

(4) 作业前必须学习和掌握《擦窗机使用说明书》的内容和规定。

(5) 作业时应戴安全帽、佩安全带、穿防滑鞋等劳动保护用品。

(6) 酒后、过度疲劳及身体或情绪异常者不得上岗。

(7) 发现事故隐患或不安全因素时，操作人员有责任要求领导采取安全保护措施。

(8) 对于违章指挥或强令冒险作业的，操作人员有权拒绝执行。

2. 对操作环境的基本要求

(1) 正常工作环境温度：－20～＋40℃。

(2) 正常工作环境相对湿度：不大于90％(25℃)。

(3) 正常工作处阵风风速：不大于8.3m/s(相当于5级风力)。

(4) 正常工作地点高度：不大于海拔1000m。

(5) 正常工作电压偏差：不大于±5％额定电压。

(6) 正常夜间工作照度：不小于150lx(勒克斯)。

(7) 在擦窗机运行范围内，必须与高压线或高压装置保持10m以上的安全距离。

(8) 在擦窗机作业下方，应设置警示线或安全保护栏。必要时设置安全警戒人员。

3. 对设备的基本要求

(1) 各部件完好无损，在规定使用期内或有效标定期内。

(2) 设备维护与保养及时、到位。整机处于良好的技术状态。

(3) 安装符合规定要求。

(4) 电气系统接地良好、绝缘可靠。

3.6.2 擦窗机作业准备阶段的安全操作规程

(1) 认真查阅交接班记录。

(2) 按《擦窗机日常检查表》逐项检查擦窗机技术状况。检查中发现问题必须及时解决或上报领导。确认无问题后，由操作人员填表并签字，然后交主管领导审批签字后，方可上机操作。

(3) 检查悬吊平台运行范围内有无障碍物。

(4) 将悬吊平台升至离地1m处，检查制动器、安全锁和手动滑降装置是否灵敏、有效。

3.6.3 擦窗机作业阶段的安全操作规程

(1) 禁止两人以上上悬吊平台操作。

(2) 操作人员必须从地面进出悬吊平台。在未采取安全保护措施的情况下，禁止从窗口、楼顶等其他位置进出悬吊平台。

(3) 作业时必须精神集中，不准做有碍操作安全的事情。

(4) 不准将悬吊平台作为垂直运输设备使用。

(5) 严禁超载作业。

(6) 尽量使载荷均匀分布在悬吊平台上，避免偏载。

(7) 当电源电压偏差超过±5%，但未超过±10%，或环境温度超过40℃，或工作地点超过海拔1000m时，应降低载荷使用，此时的载重量不宜超过额定载重量的80%。

(8) 禁止在悬吊平台内用梯子或其他装置取得较高的工作高度。

(9) 在悬吊平台内进行电焊作业时，不得将悬吊平台或钢丝绳当做接地线使用，并应采取适当的防电弧飞溅灼伤钢丝绳的措施。

(10) 在运行过程中，悬吊平台发生明显倾斜时，应及时进行调平。

(11) 严禁在悬吊平台内猛烈晃动或做“荡秋千”等危险动作。

(12) 悬吊平台运行时，必须注意观察运行范围内有无障碍物。

(13) 电动机启动频率不得大于6次/min，连续不间断工作时间不得大于30min。

(14) 应经常检查超速保护安全装置、超载保护安全装置是否工作正常；液压传动系统是否正常；电动机和提升机是否过热，当其温升超过65K时，应暂停使用擦窗机。

(15) 严禁固定安全锁开启手柄，人为使安全锁失效。

(16) 严禁在安全锁锁闭时，开动提升机下降。

(17) 严禁在安全钢丝绳绷紧的情况下，硬性扳动安全锁的开锁手柄。

(18) 悬吊平台向上运行时，严禁使用上行程限位开关停车。

(19) 严禁在大雾、雷雨或冰雪等恶劣气候条件下进行作业。

(20) 在作业中，突遇大风或雷电雨雪时，必须立即将悬吊平台降至地面，切断电源，绑牢平台，有效遮盖提升机、安全锁和电控箱后，方准离开。

(21) 运行中发现设备异常(如异响、异味、过热等)，应立即停车检查。故障不排除不准开车。

(22) 运行中提升机发生卡绳故障时，应立即停机排除。此时严禁反复按动升降按钮强性排险。

(23) 发生故障，应请专业维修人员进行排除。安全锁必须由制造厂维修。

(24) 在运行过程中不得进行任何保养、调整和检修工作。

3.6.4 擦窗机作业后的安全操作规程

(1) 切断电源，锁好电控箱。

(2) 检查各部位的安全技术状况。

(3) 清扫悬吊平台各部。

(4) 妥善遮盖提升机、安全锁和电控箱。

(5) 将悬吊平台停放平稳，必要时进行捆绑固定。

(6) 认真填写交接班记录及设备履历书。

3.7 擦窗机安全技术管理

3.7.1 擦窗机日常使用注意事项

(1) 严格执行日常维护与保养制度。

(2) 使用前按规定进行全面检查，并严格履行书面签字手续。

(3) 上机前按规定佩带安全防护用品。

(4) 操作时遵章守纪，精神集中。

(5) 作业结束后，按规程做好收工工作。

3.7.2 擦窗机规范化管理与安全使用

1) 在签订擦窗机供货和安装合同的同时，应签订《擦窗机安装、使用安全协议书》，明确相关各方的安全职责。

2) 在编制《擦窗机安装施工方案》时，必须按照《擦窗机进场垂直运输、安装、调试、验收施工方案编制及审批程序》的规定，严格履行审批手续。

3)《擦窗机安装施工方案》的调整与变更，必须严格履行《擦窗机安装施工方案变更程序》。

4) 在保质期内使用擦窗机的施工企业应建立健全下列规章制度：

(1)《施工安全岗位责任制》；

(2)《擦窗机质量安全控制制度》；

(3)《施工人员安全教育与考核制度》；

(4)《施工人员劳动防护用品发放与穿戴规定》；

(5)《擦窗机安全技术资料档案管理制度》；

(6)《擦窗机上岗培训考核制度》；

(7)《擦窗机维护、保养及检修制度》；

(8)《擦窗机使用安全检查、考核、管理制度》；

(9)《擦窗机紧急情况下的应急预案》；

(10)《擦窗机安全事故应急救援预案》。

3.7.3 擦窗机维修保养规程与要求

1. 擦窗机维修保养分级

擦窗机的维修保养执行三级维修保养制度，即：日常保养(一级保养)，定期检修(二级保养)，定期大修(三级保养)。

2. 擦窗机日常保养(一级保养)

1) 责任人：使用擦窗机的操作者。

2) 保养周期：每班进行一次。

3) 内容：按本书“3.5.1 擦窗机的日常维护与保养”介绍的内容，重点进行清洁、紧固和润滑等工作。

4）要求：

（1）每班作业前，操作人员按《擦窗机日常检查表》的内容逐项进行认真仔细的检查。

（2）在检查中发现问题应及时解决。需要专业维修人员修理或排除的故障，应及时上报主管领导，不得带着隐患冒险作业。

（3）检查后，由操作人员如实填写《擦窗机日常检查表》。

（4）操作人员签字，交主管领导或负责人审查签字确认后，方可上机操作。

（5）每班结束作业后，应拉闸断电，然后按“3.5.1 擦窗机的日常维护与保养”的内容进行保养。

（6）对电机减速机、提升机、安全锁和电控箱进行妥善遮盖，避免雨水、杂物等侵入机体。

（7）由操作者填写《擦窗机日常维护与保养记录》。

3. 擦窗机定期检修（二级保养）

1）责任人：专业维修人员。

2）检修周期：

（1）连续施工作业的擦窗机，视其作业频繁程度，1～2月进行一次定期检修。每天双班作业的每月一次，单班作业的每两月一次。

（2）间断施工作业的擦窗机，累计作业300h进行一次定期检修。

（3）完成项目拆卸后，对各总成进行一次定期检修。

（4）停用一个月以上的，再次使用前进行一次定期检修。

3）检修内容：按本书“3.5.2　擦窗机的定期检修”介绍的内容，重点进行检查、修复、紧固、调整和润滑等工作。

4）要求：各部件状态与性能完好，满足正常与安全使用要求。

4. 擦窗机定期大修（三级保养）

1）责任人：具备大修条件的擦窗机专业制造厂。

2）检修周期：

（1）使用期满1年；

（2）累计工作满300个台班；

（3）累计工作满2000h；

（4）满足上述条件之一者，应进行大修。

3）大修内容：按本书“3.5.3　擦窗机的大修”介绍的内容，进行全面的检查、测量、调整、换油、换件、修复和防腐等工作。

4）要求：各部件状态与性能完好，整机恢复到符合大修合格出厂检验的要求。

3.8　擦窗机典型事故案例分析

3.8.1　使用前不检查导致擦窗机悬吊工作平台坠落事故

1. 案例一

1）事故简介(图 3-11)

2008 年，在北京某 30 层的写字楼，一台使用了一年多的擦窗机，两名保洁工上悬吊工作平台上进行幕墙清洗保洁，当升至七层楼高处时，突然悬吊工作平台坠落，幸好工人系了安全绳，被挂在空中，后被消防云梯车解救下来。

图 3-11　北京某 30 层写字楼擦窗机事故现场

2）事故直接原因分析

(1) 擦窗机设备使用前未按要求进行检查和试验。

(2) 擦窗机设备正常投入使用后，未按要求进行必要的维护和保养。

(3) 擦窗机设备产权单位未按要求进行必要的年检。

3）从中吸取的经验教训

(1) 本事故的直接原因是使用前未对设备进行检查和试验，也反映出操作人员对本设备的使用规程未掌握，因此，对擦窗机这种载人高处作业的设备一定要加强人员的专业培训，培训合格并取得国家相关部门颁发的操作证后方可上岗。

(2) 擦窗机设备使用前一定要使用说明书的要求进行检查和试验，发现异常立刻通报物业管理部门或设备生产企业进行维修处理。

(3) 擦窗机设备正常投入使用后，设备管理部门必须建立相应的设备管理制度和维修保养制度，并按要求进行必要的维护和保养。

(4) 擦窗机设备产权单位要按照国家或地方政府及说明书的要求请有资质的检验单位对擦窗机进行必要的年检，年检合格后方可投入正常使用。

2. 案例二

1）事故简介

2001 年，在上海市某大厦，一台使用了几年的进口澳大利亚 COX 擦窗机从斜屋顶轨道滑下坠落。

2）事故直接原因分析

(1) 擦窗机设备使用前未按要求进行检查，致使斜屋面行走卷扬机连接法兰螺栓松动后被剪断，导致事故发生。

(2) 擦窗机设备正常投入使用后，未按要求进行必要的维护和保养。

(3) 擦窗机设备产权单位未按要求进行必要的年检。

3）从中吸取的经验教训

(1) 本事故是幕墙公司施工人员使用擦窗机造成的，直接原因是使用前未对设备进行检查和试验。也反映出设备管理部门对幕墙操作人员培训和交底不到位，对本设备的使用规程未掌握。因此，作为第三方要使用擦窗机时，设备管理部门一定要做好操作人员的培训和技术交底，对设备的使用进行全程的监督和管理。

(2) 擦窗机设备使用前一定要按使用说明书的要求进行检查和试验，发现异常立刻通报物业管理部门或设备生产企业进行维修处理。

(3) 擦窗机设备正常投入使用后，设备管理部门必须建立相应的设备管理制度和维修保养制度，并按要求进行必要的维护和保养。

(4) 擦窗机设备产权单位要按照国家或地方政府及说明书的要求请有资质的检验单位对擦窗机进行必要的年检，年检合格后方可投入正常使用。

3. 案例三

1) 事故简介

2004 年，在上海某大厦，一台刚交付一个月的进口爬升式擦窗机，两名保洁工上悬吊工作平台上进行幕墙清洗保洁，当升至 25 层楼高处时，突然悬吊工作平台发生倾斜直至垂直，幸好工人系了安全绳，被挂在空中，后被消防武警解救下来。

2) 事故直接原因分析

(1) 擦窗机设备使用前未按要求进行检查和试验。

(2) 吊篮一端安全锁锁绳机构未能调整在正常工作位置。

3) 从中吸取的经验教训

经验教训同案例二

4. 案例四

1) 事故简介

2004 年，四川某大厦，一台 1997 年交付使用的擦窗机，两名保洁工上悬吊工作平台上进行幕墙清洗保洁，当升至 38 层楼高处时，突然悬吊工作平台坠落。

2) 事故直接原因分析

(1) 擦窗机设备长时间未经专业单位进行维护与保养，致使安全装置失灵，钢丝绳被绞断，导致事故发生。

(2) 事故擦窗机在当天运行前未按照“擦窗机使用注意事项”及《擦窗机使用说明书》的规定进行日常检查，使事故擦窗机在非安全状态下运行作业。

(3) 操作人员未按要求佩带安全带、安全大绳等必要的劳动保护装置。

3) 从中吸取的经验教训

(1) 本事故是幕墙保洁公司保洁人员使用擦窗机造成的，直接原因是擦窗机设备长时间未经专业单位进行维护与保养。因此，擦窗机设备一定要请专业的擦窗机生产企业进行维护和保养。擦窗机设备正常投入使用后，设备管理部门必须建立相应的设备管理制度和维修保养制度，并按要求进行日常和定期的维护和保养。

(2) 本事故也反映出设备管理部门对幕墙操作人员培训和交底不到位，对本设备的使用规程未掌握，因此，作为第三方要使用擦窗机时，设备管理部门一定要做好操作人员的培训和技术交底，对设备的使用进行全程的监督和管理。

(3) 使用前一定要按使用说明书的要求进行检查和试验，发现异常立刻通报物业管理部门或设备生产企业进行维修处理。

(4) 擦窗机设备产权单位要按照国家或地方政府及说明书的要求请有资质的检验单位对擦窗机进行必要的年检，年检合格后方可投入正常使用。

3.8.2 违规作业导致悬吊平台坠落事故

1. 案例一

1）事故简介

2005年，广州某大厦，一台刚交付使用不久的擦窗机，两名幕墙施工人员上悬吊工作平台上进行大楼幕墙遮阳板支架的调试工作。当悬吊工作平台从七楼上升到八楼的高度时，悬吊工作平台突然坠落至地面。

2）事故直接原因分析

(1) 操作人员在当天运行前未严格按照使用说明书的要求进行正常操作，违章作业(将超载限位移出)。

(2) 擦窗机设备使用前未按要求进行日常检查，使事故擦窗机在安全装置、限位保护装置失灵的情况下工作，致使事故发生。

(3) 一操作人员未按要求佩带安全带、安全大绳等必要的劳动保护装置。

3）从中吸取的经验教训

(1) 本事故是幕墙公司施工人员使用擦窗机造成的，直接原因是未严格按照使用说明书的要求进行正常操作，违章作业(将超载限位移出)。也反映出设备管理部门对幕墙操作人员培训和交底不到位，对本设备的使用规程未掌握。因此，作为第三方要使用擦窗机时，设备管理部门一定要做好操作人员的培训和技术交底，对设备的使用进行全程的监督和管理。

(2) 擦窗机设备正常投入使用后，设备管理部门必须建立相应的设备管理制度和维修保养制度，并按要求进行日常和定期的维护和保养。

(3) 使用前一定要按使用说明书的要求进行检查和试验，发现异常立刻通报物业管理部门或设备生产企业进行维修处理。

(4) 擦窗机操作人员一定要按要求佩带安全带、安全大绳等必要的劳动保护装置。

2. 案例二

1）事故简介

2008年，北京某大厦，一台交付使用一年的擦窗机，两名广告标志施工人员上悬吊工作平台上进行大楼广告标志更换工作。当悬吊工作平台在距楼顶8m高时，悬吊工作平台突然坠落至地面。

2）事故直接原因分析

(1) 操作人员在当天运行前未严格按照使用说明书的要求进行正常操作，违章作业，违犯了《建筑施工高处作业安全技术规范》JGJ 80—1991中“高处作业的安全技术措施及其所需料具，必须列入工程的施工组织设计”的规定，私自采用捯链偏拉斜拽让悬吊工作平台移位，致使事故发生。

(2) 擦窗机设备使用前未按要求进行日常检查，使事故擦窗机在丢失一个行走轮并失去约束保护的情况下工作，致使作业人员在偏拉斜拽中将设备拉出轨道，导致事故发生。违犯了《建筑施工高处作业安全技术规范》JGJ 80—1991中“高处作业中的安全标志、工具、仪表、电气设施和各种设备，必须在施工前加以检查，确认其完好，方能投入使用”的规定。

(3) 操作人员未经专业培训便上岗作业，并将安全大绳放到悬吊工作平台上，致使悬吊平台坠落时，操作人员一起随之坠落。违犯了《建筑施工高处作业安全技术规范》JGJ 80—1991 中“单位工程施工负责人应对工程的高处作业安全技术负责并建立相应的责任制。施工前，应逐级进行安全技术教育及交底，落实所有安全技术措施和人身防护用品，未经落实时不得进行施工。攀登和悬空高处作业人员及搭设高处作业安全设施的人员，必须经过专业技术培训及专业考试合格，持证上岗，并必须定期进行体格检查”的规定。

3) 从中吸取的经验教训

本事故经验教训同案例一。

3.8.3 生产、安装不规范导致悬吊平台坠落事故

1. 案例一

1) 事故简介

2009 年，杭州某大厦，一台刚交付不久使用的擦窗机，两名幕墙施工人员上悬吊工作平台上进行幕墙维修作业，当升至 25 层楼高处时，由于擦窗机绳索不够长滑出(断裂)，发生坠落事故。

2) 事故直接原因分析

(1) 擦窗机生产企业对擦窗机的生产、安装不规范，没有按照大厦的实际高度配置相应长度的钢丝绳。

(2) 操作人员未按要求佩带必要的劳动保护用品。

(3) 擦窗机安装验收和检验单位未对擦窗机的安装、验收和检验按照标准规范要求进行。

3) 从中吸取的经验教训

(1) 本事故是幕墙公司施工人员使用擦窗机造成的，直接原因是擦窗机生产企业对擦窗机的生产、安装不规范，没有按照大厦的实际高度配置相应长度的钢丝绳，也反映出设备管理部门对本设备的检验、验收管理不到位。因此，作为设备管理部门一定要按照擦窗机的有关标准要求对设备的检验和验收进行有效的监督和管理。

(2) 擦窗机操作人员一定要按要求佩带安全带、安全大绳等必要的劳动保护装置。

(3) 擦窗机安装验收和检验单位一定要严格对擦窗机的安装、验收和检验按照标准规范要求进行。

2. 案例二

1) 事故简介

2006 年，北京某大厦，一台使用了一年多的擦窗机，两名保洁工上悬吊工作平台上进行幕墙清洗保洁，当升至一半楼高处时，悬吊工作平台突然坠落，幸好工人系了安全绳，被挂在空中，后被消防人员解救下来。

2) 事故直接原因分析

(1) 擦窗机设备生产中使用了劣质的提升机和安全锁部件，工作中在受到较大载荷力的作用下，吊篮提升机中的齿轮齿全部打掉，致使事故发生。

(2) 擦窗机设备正常投入使用后，使用前未按要求进行检查和试验。

(3) 擦窗机设备未按要求进行必要的维护和保养。

3）从中吸取的经验教训

（1）本事故是幕墙保洁公司施工人员使用擦窗机造成的，直接原因是使用了劣质的提升机和安全锁部件，工作中在受到较大载荷力的作用下，吊篮提升机中的齿轮齿全部打掉，致使事故发生。也反映出擦窗机生产企业对外协单位供方管理不到位。因此，作为生产企业一定要按照擦窗机的有关标准要求，按照ISO 9000质量管理体要求对外协单位供方管理进行有效的监督和管理。

（2）擦窗机设备正常投入使用后，设备管理部门必须建立相应的设备管理制度和维修保养制度，并按要求进行日常和定期的维护和保养。

（3）使用前一定要按使用说明书的要求进行检查和试验，发现异常立刻通报物业管理部门或设备生产企业进行维修处理。

4 高空作业车

4.1 《高空作业车》GB/T 9465—2008 条文释义与应用

4.1.1 标准的基本结构与性质

《高空作业车》GB/T 9465—2008 规定了高空作业车的术语和定义、分类、技术要求、试验方法、检验规则、标志、包装、运输和贮存等。该标准全面、系统地对高空作业车的稳定性、结构的安全性、行驶性能、使用性能、使用时的安全、环保性能及检验方法作出了要求。

《高空作业车》GB/T 9465—2008 代替了《高空作业车分类》GB/T 9465.1—1988、《高空作业车技术条件》GB/T 9465.2—1988、《高空作业车试验方法》GB/T 9465.3—1988，与被代替标准相比，其主要变化有：

(1) 新标准扩大了标准的适用范围。标准的适用范围由原来的最大作业高度 40m 改为 100m。

(2) 平台额定载荷由原来的最大 1000kg 改为 5000kg。

(3)为了明确绝缘型高空作业车与普通高空作业车的区别，增加了绝缘型高空作业车的型号标记和绝缘性能的试验方法。

(4) 增加了高空作业车的调平机构要求。标准中的安全系数、平台升降速度和回转速度参数参照了国际标准《移动式升降工作平台设计计算、安全要求和试验方法》ISO 16368：2003 的规定。

(5) 增加了带辅助带起重功能高空作业车的要求。标准规定带辅助带起重功能高空作业车的技术要求和有关许可按流动式起重机的要求进行。

(6) 试验方法更加明确。老标准在技术要求和试验方法中的条款有交叉出现的现象，比如技术要求中有试验方法，而试验方法中又有技术要求，且试验方法中有不明确之处，在新标准中均予以很好的解决。

从标准的变化可以看出，标准内容注重了安全性能的规范。

该标准虽然是以推荐性标准发布，但对于安全要求很高的高空作业车产品，标准中的安全性条款已在中华人民共和国境内作为生产和贸易的依据遵守，被高空作业车的制造商和使用者广泛地采用。所以，无论高空作业车的制造商还是使用者，熟练掌握标准规定是十分必要的。

4.1.2 行驶性能安全性要求

《高空作业车》GB/T 9465—2008 中对高空作业车的行驶性能条款均为强制性的，如果违反了这些规定，则高空作业车就不能在公路上行驶。作为使用方在行驶前要重点关注高空作业车的尺寸限值、质量限值、制动性能、外部照明和信号装置及专用装置的固定等情况。

1)标准规定：高空“作业车的外廓尺寸、轴荷及质量限值应符合《道路车辆外廓尺寸、轴荷及质量限值》GB 1589—2004 的规定”。即：

(1) 高空作业车的整车宽度应不大于 2500mm，整车高度应不大于 4000mm。

(2) 高空作业车的轴荷限值：

单轴时车辆的轴荷限值为：

每侧单轮胎 6000kg；每侧双轮胎 10000kg(装备空气悬架时最大限值为 11500kg)。

并装双轴时车辆的轴荷限值为：

轴距＜1000mm 时：11500kg；

1000mm≤轴距＜1300mm 时：16000kg；

1300mm≤轴距＜1800mm 时：18000kg。

(3) 车辆允许总质量不得超过各车轴最大允许轴荷之和。

标准中给定的是车辆外形允许的最大尺寸，一般路况只要大于车辆外形允许的尺寸空间，高空作业车是可以顺利通过的。如果车辆需通过标有限高的路段时，一定要先了解本车的尺寸是否符合路况的要求，否则就有可能发生撞车的危险。因此，为了提高高空作业车的行驶适用范围，使用者还要掌握车辆的实际尺寸，以便车辆顺利通过。

《高空作业车》GB/T 9465—2008 的引用标准中规定“一般在车辆的右侧固定有车辆的整车标牌”，按照《高空作业车》GB/T 9465—2008 标准的规定，整车标牌上应标有“整车总质量”和“整车外形尺寸”等参数。使用者在驾驶高空作业车前可以通过整车标牌了解所使用的高空作业车的尺寸和允许总质量，便于安全行驶。

2) 作业车的制动性能对使用者是至关重要的，它直接影响驾驶员及行车周围人员的生命安全，所以，在驾驶高空作业车前，应先试一下作业车的行驶制动性能是否完好。《高空作业车》GB/T 9465—2008 的引用标准中规定：总质量不大于 3500kg，初速度 30km/h 时，行车制动距离不大于 9m；当总质量大于 3500kg，初速度 30km/h 时，行车制动距离不大于 10m。在作业车的行驶过程中，驾驶员一定要掌握好行驶时的安全制动距离，以免造成人员及设备的损伤。

3) 车辆的灯光、标志往往不被使用者重视，在使用过程中由于灯光损坏而引发的事故时有发生。比如在大雾中行驶时，雾灯不亮，就极易造成撞车；在道路上行驶需转向时，转向灯不亮，也容易引发事故；夜间行驶时，前照灯不亮，更是寸步难行；在转弯时因车速太高，出现翻车事故，等等。所以，在《高空作业车》GB/T 9465—2008 标准中引用了强制性标准的规定：外部照明和信号装置的数量、位置、光色、最小几何可见度应符合《汽车及挂车外部照明和光信号装置的安装规定》GB 4785—2007。

从以上规定可以看出，高空作业车虽然是工程作业类的专用汽车，但在行驶性能、灯光及标志的要求上应完全遵守汽车的安全规定。

4.1.3 作业安全要求

1. 工作环境要求

在《高空作业车》GB/T 9465—2008 中新增加了工作条件及设置安全标志的规定。使用者在进行高空作业前应首先观察工作场地及工作环境是否符合使用说明书及标准中的要求。熟悉安全标志警示的内容。

标准中规定的工作条件：

(1) 地面应坚实平整，作业过程中地面不应下陷；

(2) 环境温度为－25～＋40℃；

(3) 风速不超过 12.5m/s；

(4) 海拔高度不超过 1000m；

(5) 环境相对湿度不大于 90%(25℃)。

支撑地面的坚实对高空作业车的使用来说是至关重要的，使用者往往只注意场地的大小，忽略了场地的坚实程度，作业时导致支腿支撑地面下陷，从而影响作业的稳定，甚至出现翻车事故。

强风能使工作平台的结构过载。使用高空作业车时应随时注意风速，当超过允许的风速时，应立即停止工作。

使用绝缘型高空作业车一定要注意环境相对湿度的情况，如果相对湿度太大，将会大大降低其绝缘性能，直接威胁操作者的生命安全。

2. 作业安全要求

为了便于操作过程中做好防范工作，《高空作业车》GB/T 9465—2008 中要求“工作平台应备有系安全带或绳索的节点”，提示在平台上高空作业时必须有可靠的防护措施，操作者要系上安全带。

为了有效地防止人与物从高处坠落的事故，《高空作业车》GB/T 9465—2008 中要求“工作平台四周应有护栏或其他防护结构，高度应不小于 1100mm，并应设有中间横杆，宽度应不小于 450mm。踢脚板高度应不小于 150mm”。标准中对平台尺寸的限制，主要是基于平均人体重心的位置和人体尺寸安全空间的考虑，并不包括在平台处的攀登，所以在平台上操作时，一定要加倍小心，避免用力过猛、身体失稳，更不能在脚下垫任何物品进行操作，身高超过 1.8m 的作业人员还要注意身体重心不能超过平台围栏范围。

标准要求在作业过程中“工作平台底面与水平面的夹角应不大于 5°”。这条规定要求操作者在作业时要注意在平台中作用力的重心位置不能超过平台保持平衡的支撑位置。如果平台的底面与水平面的夹角大于 5°，平台中的人或物就有坠落的危险，所以一旦发现这种情况，操作者应立即停止作业。

3. 操作安全要求

正确的操作是作业安全的保障，因此更要注意高空作业车操作的规范性，我国涉及高空作业的行业基本上都规定了安全操作规范，所以在操作高空作业车前一定要熟悉各项规章制度(特别是安全操作规程)，并掌握产品使用说明书中的规定，了解高空作业车标准中对操作条件的限制。

在《高空作业车》GB/T 9465—2008 中要求操作“平台的起升，下降速度应不大于 0.4m/s”、“带有回转机构的作业车最大回转速度不大于 2r/min”。标准中限制平台的起升、下降和回转的速度，主要是出于安全的考虑，如果速度太快，有可能造成平台中的人或物由于快速运动产生的离心力而被甩出平台。所以高空作业车的使用者一定要遵守制造商出厂前设定的各种速度，绝对不能擅自改动各种设施、设定的参数等。

《高空作业车》GB/T 9465—2008 中要求高空作业车“应装有急停开关，该开关可在应急时有效地切断所有动力系统”。所以，操作者在进行高空作业前应记住急停开关的位置，在作业过程中由于各种原因出现故障或发生危险时，应立即关闭高空作业车的所有动力。为了解决由于动力失效后作业者回到地面的问题，《高空作业车》GB/T 9465—2008 还规定“作业车应在地面人员易接近的位置安装应急辅助装置(如手动泵、第二动力源、重力下降阀)，以确保在主动力源失效时，工作平台可以返回到一个位置，在此位置可无危险离开，包括必要的移动平台离开障碍物”。

可见在标准的制定过程中，运用安全与事故的规律，规定了各种预防措施，控制事故的发生，以达到保障操作者安全的目的。

4.1.4 标准的应用

1. 在买方和卖方的关系中作为技术性文件

作为“标准的主要用途是在买方和卖方的关系中作为技术性文件”，这是国际上通行的惯例。在市场经济条件下，标准的目的增加了“促进国际贸易和交流”的功能。所以《高空作业车》GB/T 9465—2008 实施后，同时也就成为进口到我国的高空作业车应遵守的条件之一。使用者在选择进口高空作业车时，一定要先考察其是否符合《高空作业车》GB/T 9465—2008 的规定，特别是安全技术条件的规定，否则，在我国是不符合要求的。

2. 作为采购的技术依据

根据市场的规律，《高空作业车》GB/T 9465—2008 的内容是符合大多数利益相关方的利益的，具有满足产品预定用途的必要的技术要求，所以使用者在购买及使用高空作业车时，最好先了解高空作业车标准的相关规定，以便掌握高空作业车必须具备的功能和安全使用条件，应具备哪些保护装置等。

3. 作为争议解决的依据

《高空作业车》GB/T 9465—2008 虽是推荐性标准，制造厂可以参照执行，但制造厂如果执行了该标准，或者依据本标准制定企业产品标准，则产品应符合本标准的要求，买卖双方如果发生争议，而合同又没有明确的约定，本标准即成为解决争议很重要的判定依据。

4. 作为高空作业车设计开发的参考依据并为操作使用提供技术支持

《高空作业车》GB/T 9465—2008 对高空作业车的术语和定义、分类、技术要求、试验方法、检验规则、标志、包装、运输和储存等，作出了系统、全面的要求。可以作为制造厂在设计开发过程中的设计依据，也可以作为操作使用者的学习教材。

4.2 高空作业车的安全技术

4.2.1 高空作业车的基本类型

高空作业车是指以定型道路车辆(汽车)为底盘，并有车辆驾驶员操纵其移动的高空作业平台。

高空作业车采用汽车底盘作为承载作业装置和行走机构，所以具有汽车的行驶通过性能，机动灵活、行驶速度高、可快速转移且转移到作业场地后能迅速投入工作，因此特别适用于流动性大、不固定的作业场所。由于具有上述这些特点，因而随着汽车工业的迅速发展，品种和产量都有很大发展，应用的领域也越来越广泛。

1. 高空作业车的分类

1）按伸展和作业平台升降结构的类型分

高空作业车可分为下列几种，见表 4-1 和图 4-1。

伸展结构类型 **表 4-1**

形式	伸缩臂式	折叠臂式	混合式	垂直升降式
代号	S	Z	H	C

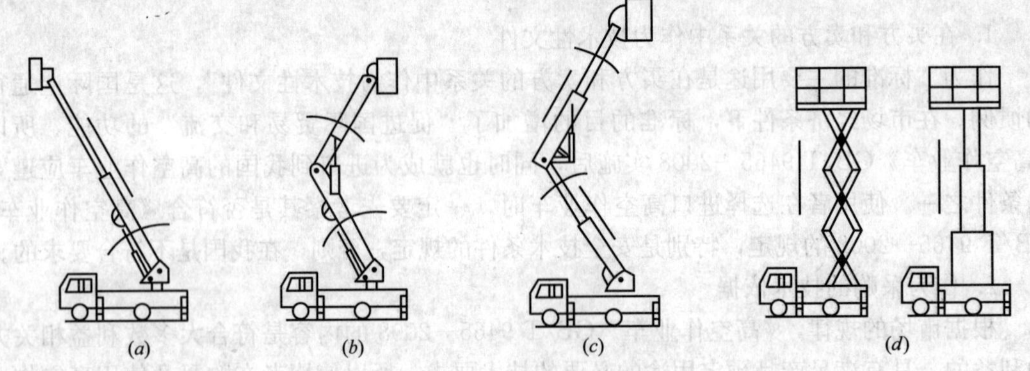

图 4-1 伸展结构类型示意
(a)伸缩臂式；(b)折叠臂式；(c)混合式；(d)垂直升降式

伸缩臂式：作业车的多节工作臂套叠布置，工作臂之间只能进行相对的伸缩运动。伸缩臂式高空作业车套叠工作臂一般为 3 节，多的可达到 5～6 节，因此其结构紧凑，行驶状态体积小，机动性好。伸缩臂车型还具有作业范围大、回转摆尾小、操作简单直观等优点。

折叠臂式：伸展机构之间的连接全部为铰接形式，因此又叫做铰接式高空作业车。折叠臂式结构简单，跨越空中障碍的能力强，还可方便地配置起重作业功能，实现一机多用。

混合式：各工作臂之间既有铰接也有套叠，既有相对伸缩也有相对转动。混合式结构特别紧凑，体积小，动作灵活，能够实现垂直升降、水平伸展等特殊动作，适用于各种复杂的空中作业场所。

垂直升降式：伸展机构只能在竖直方向上下运动。其特点为结构简单、承载能力强。存在的缺点是作业范围小、作业高度低。

2）按用途分

可分为普通型和绝缘型。

绝缘型：其工作平台为绝缘平台，并带有绝缘内衬，部分工作臂采用绝缘材料制作，工作平台和下部车体之间的控制管路、线缆等也全部为绝缘材料，使在空中工作的人员和地面之间绝缘。

普通型：不具备绝缘功能，不能进行带电作业，只能进行普通高空作业。

2. 高空作业车的规格型号

高空作业车规格型号由组、型代号、形式代号、主参数代号和更新变型代号组成，说明如下(图 4-2)：

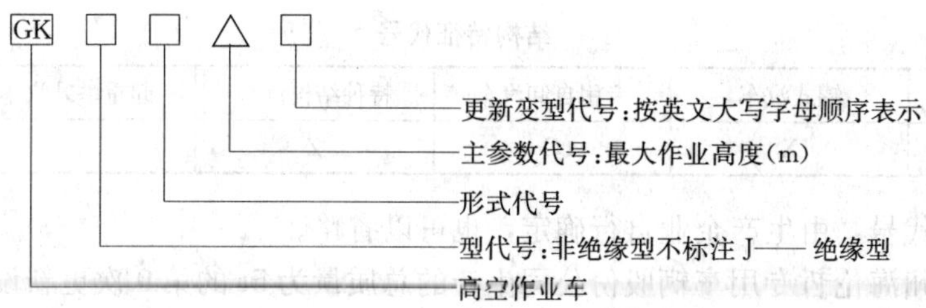

图 4-2 高空作业车的规格型号

例如：

(1) 最大作业高度为 10m 的绝缘型伸缩臂式高空作业车：

高空作业车 GKJS 10

(2) 最大作业高度为 12m 的非绝缘型垂直升降式高空作业车的第一次更新变型产品；

高空作业车 GKC 12A

3. 高空作业车汽车型号的编制规则

高空作业车在我国按照汽车类产品进行管理，需申报并由国家主管部门进行公告后，才允许销售和上牌。因此，高空作业车需要按照汽车型号编制规则编制型号，并按此型号进行销售。根据我国国家标准的有关规定，汽车的产品型号由企业名称代号、车辆类别代号、主参数代号、产品序号组成。必要时附加企业自定代号。其构成如图 4-3 所示。

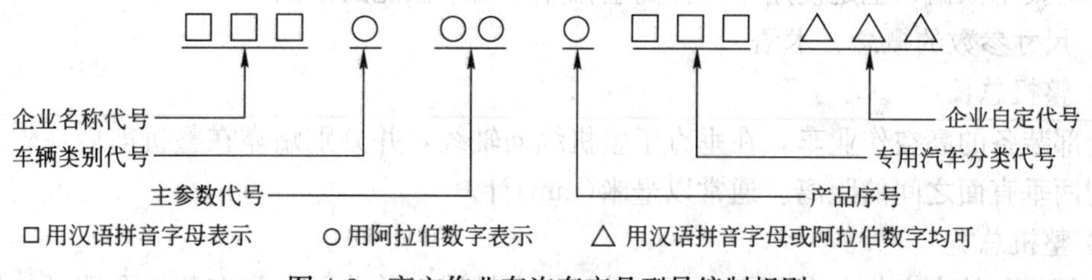

图 4-3 高空作业车汽车产品型号编制规则

企业名称代号：由 2 个或 3 个汉语拼音字母组成，是识别车辆制造企业的代号。

车辆类别代号：如表 4-2 所示。

车辆类别代号 **表 4-2**

车辆类型	代号	车辆类别	代号	车辆类别	代号
载货汽车	1	牵引汽车	4	轿车	7
越野汽车	2	专用汽车	5	—	—
自卸汽车	3	客车	6	挂车半挂车	9

高空作业车属专用汽车，其车辆类别代号为“5”。

主参数代号：高空作业车属于专用汽车，专用汽车的主参数代号为车辆的总质量(t)。

产品序号：表示主参数相同的车辆的投产顺序号。用阿拉伯数字表示，首次设计生产的产品序号以阿拉伯数字“0”表示。

专用汽车分类代号：用反映车辆结构和用途特征的三个汉语拼音字母表示，结构特征代号按表4-3的规定，高空作业车属于起重举升汽车，结构特征代号J，用途代号为GK。

结构特征代号 **表4-3**

专用汽车形式	罐式汽车	专用自卸汽车	特种结构汽车	起重举升汽车	仓栅式汽车
结构特征代号	X	G	Z	J	C

企业自定代号：由生产企业自行确定，也可以省略。

例如：徐州海伦哲专用车辆股份公司生产的总质量为5t的第9次更新设计或第9种高空作业车，产品的型号为：XHZ5058JGK。

4. 国内各类型高空作业车的发展情况

目前国内高空作业车产品仍以技术简单的折叠臂产品为主。伸缩臂产品以其机动灵活、作业迅捷、占用空间小的优势，逐步被接受和认可，得到快速发展。混合臂产品结构多样，简单的混合臂结构在国内较大高度的产品中较早采用，能够实现垂直升降等功能的复杂混合臂产品则在近几年刚刚出现，并以其优良的性能，迅速被用户接受。

随着带电作业施工在我国电力行业的推广，绝缘型高空作业车需求近年来快速增加。由于国内绝缘件的技术仍不过关，绝缘型高空作业车专用装置部分仍以进口为主。

4.2.2 高空作业车的性能要求

高空作业车的主要技术参数由工作性能参数、工作速度参数、行驶参数、质量参数和尺寸参数组成。这些参数表明了高空作业车的工作性能和技术经济指标，它们是设计高空作业车的技术依据，也是使用中选择高空作业车技术性能的依据。

1. 尺寸参数的概念、术语

1）整机总长

全部装备的高空作业车，在垂直于整机纵向轴线，并分别贴靠在整机前后最外端突出部位的两垂直面之间的距离。通常以毫米(mm)计。

2）整机总宽

全部装备的高空作业车，在平行于整机纵向轴线，并分别贴靠在整机两侧最外端突出部位的两垂直面之间的距离。通常以毫米(mm)计。

3）整机总高

全部装备的高空作业车，自支承地面到整机最高突出部位相贴靠的水平面之间的距离。通常以毫米(mm)计。

4）轴距

分别通过作业车前后轮中心，并垂直于作业车纵向轴线的两平面间的距离。通常以毫米(mm)计。

高空作业车的尺寸是按需要和可能来确定的，力求紧凑。行驶状态时的外形尺寸应考虑到道路、桥(涵)洞和铁路运输条件。按国家规定：总长限在12000mm以内，总宽限在2500mm以内，总高不超过4000mm。

2. 质量参数的概念、定语

1) 整机总重量

处于行驶状态的高空作业车和随车配备的工具和附件、乘员及按规定加注的工作油液等重量之和。通常以千克(kg)计。

2) 整机整备质量

处于行驶状态的高空作业车，除掉乘员以外的重量之和。包括随车工具、附件及按规定加注的工作油液等重量之和。通常以千克(kg)计。

3) 轴荷

整机自重分配在汽车底盘轮轴上的载荷。通常以千克(kg)计。

3. 行驶参数的概念、术语

1) 最高行驶速度

处于转移行驶状态的高空作业车，在坚硬平直的路面上可以达到的最高行驶速度。通常以千米/小时(km/h)计。

2) 最小转弯半径

高空作业车转弯行驶时，转向器处于极限位置，前外转向轮的中心平面与支承地面接触点的轨迹到转向中心的距离。通常以米(m)计。如图 4-4 所示。

3) 最小离地间隙

除与支承平面相接触的轮胎外，固定在底盘下部的刚性部件的最低点到支承地面的距离。通常以毫米(mm)计。

4) 最大爬坡度

处于行驶状态的作业车在规定的坡道上以最低行驶速度，能通过的最大坡度，以 i 表示，$i=h/B$，通常以百分数(%)表示。h 为规定路面上长度等于轴距 B 的两点高度差，B 为轴距。如图 4-5 所示。

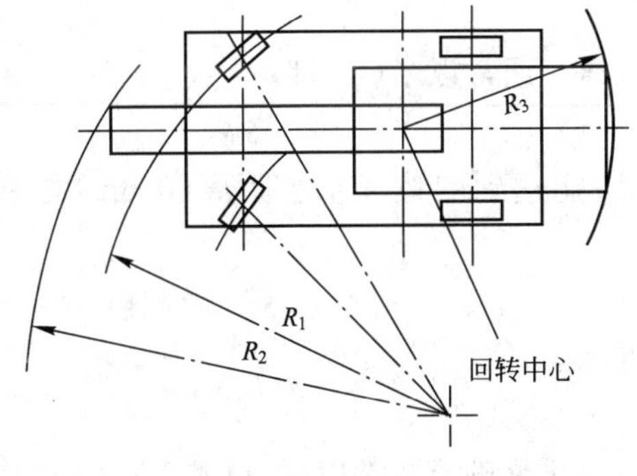

图 4-4 最小转弯半径示意

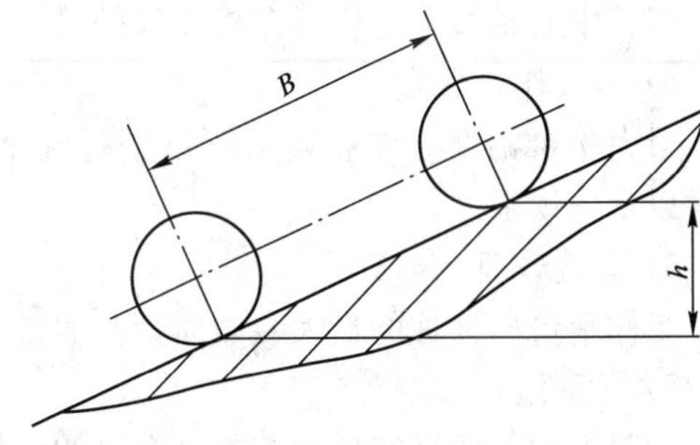

图 4-5 最大爬坡度示意

4. 工作速度参数的概念、术语

高空作业车的工作速度主要包括变幅时间、回转速度、伸缩时间和支腿收放时间。对带起重功能的高空作业车还包括吊钩起升速度。

1) 变幅时间

工作臂以最高速度全程起臂(落臂)所用的时间。通常以秒(s)计。

2) 最大回转速度

在空载状态下，高空车最小幅度，上车所能达到的回转速度。通常以每分钟的转数(r/min)计。

3）伸缩时间

空载状态，伸缩臂以最高速度全程伸缩所需要的时间。通常以秒(s)计。

4）支腿收放时间

支腿从全收(全放)状态，运动到支腿全放(全收)状态所用的时间。通常以秒(s)计。

5）起升速度

指起重吊钩升起(下降)的速度。通常以米/秒(m/s)计。

高空作业车工作速度选择合理与否，对性能有很大影响。一般说来，高空作业车工作效率与各机构工作速度有直接关系。工作速度高，效率也高。但速度高也带来一系列不利因素，如惯性增大，启、制动时引起的动载荷增大，从而机构的驱动功率和结构强度也要相应增大。所以，合理选择工作速度要全面考虑与之有关的一系列因素，其中安全和平稳性是首要考虑的，因此，国家标准仅限定了最高速度。

5. 主要性能参数的概念、术语

1）最大工作平台高度

工作平台承载面与作业车支承面之间的最大垂直距离。通常以米(m)计。

2）最低工作平台高度

工作平台处于最低工作位置状态下，工作平台承载面与作业车支承面之间的最小垂直距离。通常以米(m)计。当作业平台作业位置处于作业车支承面的下部时，最低工作平台高度用负数表示。

3）最大作业高度

最大工作平台高度与作业人员可以进行安全作业所能达到的高度(1.7m)之和。通常以米(m)计。

4）最大平台幅度

回转中心轴线与工作平台外边缘的最大水平距离。通常以米(m)计。

5）最大作业幅度

最大平台幅度与作业人员可以进行安全作业所能达到的最大水平距离(0.6m)之和。通常以米(m)计。

6）额定载荷

工作平台所标称的最大装载质量。通常以千克(kg)计。

7）起重量

带起重功能的高空作业车起吊重物的质量值称为起重量，通常以吨(t)或千克(kg)计。起重量参数通常是以额定起重量表示的。额定起重量是在各种工况下安全作业所容许的起吊重物的最大质量的值。它是随着起吊幅度的加大而减少的。高空作业车的名义起重量吨级(即铭牌上标定的起重量)通常是以最大额定起重量表示的。最大额定起重量指基本臂处于最小幅度时所起吊重物的最大质量，它只是标志名义上的起重能力，实际起重能力均小于该起重量。

8）起重幅度

高空作业车回转中心轴线至吊钩中心的距离称为起重幅度或称工作幅度。通常以米

(m)计。当某一长度的吊臂处于与水平面成某一夹角时，这个幅度值也就确定了。所以标定起重幅度参数时，通常是指在额定起重量下，回转中心轴线至吊钩中心的水平距离。

6. 选择高空作业车性能参数时的注意事项

1) 作业高度参数留有余量

高空作业车达到最大作业高度时幅度一般很小，作业范围受限，同时最大作业状态属极限位置，不是最佳作业性能位置，一般选择高空作业车最大作业高度应比实际需要作业高度高出1～3m。

2) 关注作业范围曲线，不能只关注最大作业幅度

高空作业车不同作业高度，作业幅度不同，要同时注意高度和幅度能否满足使用要求，即作业位置是否在作业曲线范围内。

3) 关注平台载荷，不能只关注作业范围

有些产品具有多条作业范围曲线，分别表示在不同的作业平台载荷下的作业范围，当载荷较小时，作业范围更大，反之亦然。因此，防止只看到最大的作业范围、最大的平台载荷，而忽视了在多大载荷下的作业范围。

4) 注意有效作业幅度

作业幅度指回转中心到工作斗外侧的距离，其中包含车体本身和支腿占据的尺寸，当无法有效接近目标时，需考虑车体本身占据的距离。作业幅度相同的作业车，支腿跨距小的，有效作业半径大。

5) 根据作业要求选择合适车型

大型高空作业车体积大，动作速度慢，能耗高，小型车机动灵活，速度快。应根据实际工作需要选择合适作业高度的车辆，避免以大代小，影响效率。

6) 根据工作场所要求选择合适的结构形式

空中环境简单的场合适宜使用伸缩臂车型，折叠臂车跨越障碍能力强，较适用于空间环境复杂的工作场所。混合臂产品动作更加灵活，适应性更强。

4.2.3 高空作业车的安全技术要求

高空作业车的安全技术要求分为对车辆的安全技术要求、对作业环境的安全要求和对操作人员的安全技术要求。

1. 对车辆的安全技术要求

1) 稳定性

稳定性是指高空作业车的倾翻稳定性，即高空作业时，各种允许工况下，车辆必须稳定，不能发生倾翻现象。为确保稳定，高空作业车要求：

水平面上的稳定性：在坚固的水平地面上，外伸支腿固定作业车，工作平台承载1.5倍的额定载荷，升降机构伸展到整车处于稳定性最不利的状态，作业车应稳定。

斜面上的稳定性：作业车在特定的形式下使用时，平台承载1.25倍的额定载荷，整车置于易倾翻方向坡度为5°的斜面上，允许外伸支腿调整，作业车应稳定。

作业稳定性：作业车在坚固的水平地面上，支腿外伸，平台承载额定载荷，伸展机构伸展到整车稳定性最不利状态时紧急制动，任一个支腿不应离地。

2) 结构安全系数

结构安全系数是保证在进行高空作业时，作业车的结构件必须安全，不能发生断裂、失稳等危险情况。高空作业车要求的结构安全系数远大于一般机器设备的要求，具体为：

平台及伸展机构承载部件所用的塑性材料，按材料的最低屈服极限计算，结构安全系数应不小于 2。

平台及伸展机构承载部件所用的非塑性材料，按材料的最小强度极限计算，结构安全系数应不小于 5。

确定结构安全系数的设计应力，是高空作业车在额定载荷工况下作业，并遵守操作规程时，结构件内所产生的最大应力值。设计应力还应考虑到应力集中及动载荷、风载荷的影响，安全系数按下式计算：

$$S=\frac{\sigma}{(\sigma_1+\sigma_2)f_1 f_2}$$

式中 S——结构安全系数；

σ——塑性材料的屈服强度或非塑性材料的强度极限(MPa)；

σ_1——由结构质量产生的应力(MPa)；

σ_2——由额定载荷产生的应力(MPa)；

f_1——应力集中系数；

f_2——动力载荷系数。

平台或伸展机构如由钢丝绳或链条承受额定载荷，按最小强度极限计算，钢丝绳或链条的安全系数应不小于 8。

3）材料

高空作业车金属结构中主要承载结构件一般采用高强度低合金结构钢，应具有 −40℃ 冲击韧性的合格保证，必要时应具有冷弯试验的合格保证。

4）支腿

当高空作业车处于行驶状态时，支腿应收回并可靠地固定。

在操作支腿时，操作人员在操作处应能看到每一条支腿，否则应有信号人员帮助。

在高空作业时，支腿支脚盘应牢靠地连接在支腿上，并应可靠地支承作业车。

5）工作平台

工作平台尺寸高度应不小于 1100mm，宽度应不小于 450mm，四周应有护栏或其他防护结构，并应设有中间横杆。踢脚板高度应不小于 150mm（人员进出口处应不小于 100mm）。护栏结构应能承受沿水平方向作用在顶部栏杆或中间横杆上 360N/m 的载荷，顶部栏杆或中间横杆在两支杆之间应能承受垂直方向的 1300N 的集中载荷，护栏终端支杆能承受 900N 来自各方向对杆顶端的静集中载荷。工作平台可设置出入门，门不得向外开，也可用栏杆、挡链或其他设施代替，宽度应不小于 350mm。工作平台应备有系安全带或绳索的节点。工作平台上应醒目地注明作业车的额定载荷和承载人数。当设置作业人员进出作业平台的登高梯子时，梯子应与出入门对齐。

6）变幅和伸缩机构

变幅机构应能可靠地支撑工作臂，并能在操作者控制下使工作臂平稳地升降到规定的幅度。工作臂的起落必须依靠动力系统来完成，并设置防失速功能。

用液压油缸起落工作臂的机构，变幅液压油缸油路中必须装有与其流量相适应的平衡阀或液压锁，防止向下变幅时失速。

工作臂伸缩机构中，伸缩液压缸必须装有与其流量相适应的平衡阀或液压锁，防止向下伸缩时失速。

7）液压系统

液压系统应有防止过载的安全装置，安全溢流阀的调定压力不得大于系统额定工作压力的1.1倍，同时不得大于液压泵的额定压力。

平衡阀和液压锁与执行机构的连接必须是刚性连接。

液压油箱内最高工作油温不得超过80℃。

有相对运动的部位采用软管连接时应尽可能缩短软管长度，并避免相互摩擦碰撞，易受到损坏的外露软管应加保护套。

应使用可靠的过滤器，必须定期检查油箱内油液的黏度、酸值、含水量和固体颗粒污染度等。

液压系统中采用蓄能器时，必须在蓄能器上或靠近蓄能器的明显处(易观察处)标示出安全警示标志。蓄能器的充气量与安装必须符合制造厂的规定。

8）制造

作业车应按经规定程序批准的产品图样和技术文件制造。

外购件、外协件应有制造厂的合格证，否则应按相关标准的规定，经检验合格后方能使用。所有自制零部件经检查合格后方可装配。

9）结构报废

主要结构件由于腐蚀磨损等原因而使结构应力提高，当应力增加10%以上时应予报废。

主要受力构件产生永久变形而又不能修复时应予报废。

主要受力构件如臂架支腿等整体失稳后不得修复使用，必须报废。

2. 对作业环境的安全要求

(1) 作业车不得在有火灾、爆炸危险的区域、高热、腐蚀性的环境以及对操作人员健康有害的粉尘环境中工作。

(2)作业车工作的温度范围是－25～＋40℃，不允许在允许范围以外的温度下工作。

(3) 光线暗淡或能见度低时禁止工作。

如果必须在低能见度或夜间工作，必须采取措施在平台工作的整个区域保证良好的能见度。没有保证的能见度，或者只保证部分区域或一个方向的能见度，有可能导致人员严重伤害的危险。

(4) 作业车工作处地面坚实、平整，地面坡度超过5°时不得工作。

当地面松软，不足以支撑支脚时，必须在支脚下加垫支撑物(如厚木板)，以增大支撑面积，减小接地比压力。支脚要落在支撑物的中心。作业车支腿在地面上支起后，车轮轮胎离地面不小于20mm。

(5) 风力超过6级时，作业车不得工作。

强风能使工作平台的结构过载。使用作业车时应随时注意风速，不得在超过6级风(大约12.5m/s)的气象环境下使用高空作业车。当超过允许的风速时，停止工作，将工作平台降回初始位置。

(6) 作业车工作时，与带电体、悬崖和沟渠应保持足够的安全距离。

安全距离与地面的类型有关。大致规则为：地面松软可能出现滑坡的沟渠，安全距离应当是沟的深度的2倍；不会出现滑坡的结实地面，安全距离为沟的深度；与带电体(如高压输电线)的最小安全距离与电压等级有关，具体要求见表4-4。

最小安全距离与电压等级要求 **表4-4**

电压(kV)	最小安全距离(m)	电压(kV)	最小安全距离(m)
≤1	1	110～220	4
1～110	3	220～380	5

如果不知道带电体的电压，应始终保持不小于5m的最小安全距离。

(7) 雨、雪、雾、雷气候条件下，作业车严禁工作。

3. 对操作人员的安全技术要求

(1) 操作者在使用高空作业车之前必须做到：

经培训取得合格证、上岗证，并通读使用说明书及安全规则，应熟悉高空作业车上标示的所有图表、警告内容。

检查液压油、燃油及电气系统是否符合要求。

在每次交接班前应检查高空作业车是否存在会影响使用和操作的缺陷，检查内容包括：观察有无裂开的焊缝或其他结构缺陷、液压系统的渗漏、控制线路的损坏、钢丝绳接头的松脱及轮胎的损坏。

通过操作各控制系统进行检验，以确保能完成各种动作。

所有可疑项目均应仔细检查，并对其是否危及安全作出结论，一切危及安全的因素在使用之前都必须予以消除。

在使用高空作业车之前要检查工作场地是否存在危险，例如壕沟、陡坡、洞穴、碎石、空中障碍、高压导线等带电体以及其他可能引起危险的地方。

(2) 操作过程中必须做到：

高空作业车只能在遵守生产厂的使用说明书及安全规则的情况下使用。

在每次工作时操作者应做到：检查空中障碍及高压线等带电体，根据现行规定及标准，自始至终使平台与带电高压线等带电体保持安全距离，不得接近或越过。

一定要在坚实而平整的地面上才能工作。

必须使平台上的载荷及其分布符合生产厂的规定。

应按生产厂的使用说明书使用支腿或稳定器，不允许在不伸出水平支腿或部分伸出水平支腿的情况下工作，严禁不伸出垂直支腿进行工作。

平台上的人员均应正确系好安全带。

在工作过程中平台上的工作人员要始终有一个稳定的立脚点。

在作业过程中出现任何故障或错误动作时应立即排除后方可继续使用。

禁止变更修改或废弃安全装置。

当平台进行上升下降或移动时要注意防止钢丝绳、电线软管等缠绕。

作业过程中听到任何异响，均应立即停止使用高空作业车，并查明原因，如属故障，应予排除后方可恢复使用。

(3) 对允许在行驶状态下进行作业的高空作业车在行驶前和行驶中操作者应做到：

注视行驶路线，并保持良好视野，并且要确保行驶的路面坚实平整，要与障碍物特别是车辆上方的障碍物保持一定距离。

不允许进行特技驾驶或其他花样驾驶。

操作人员是工作过程中惟一能思考的因素，其责任并不能因为安全装置的存在而有所减少，安全装置是用来帮助操作人员的而不是监督操作人员的，操作人员是惟一能负责自己以及车辆安全的责任主体，因此必须专业谨慎地执行所有的安全标准。

请始终切记：违反任何一条安全标准和要求，都可能引起对人、物或作业车的损坏。

操作人员应确保清楚作业车工作时相关的危险，任何时候，操作人员都要清楚自己的责任，对其他人员安全的责任，对车辆以及周围物品安全的责任。

4.2.4　高空作业车的装置要求

为了保证高空作业车安全运行，避免造成人身伤亡及机械损坏等事故，在高空作业车上配备各种安全防护装置是必需的。随着高空作业车的技术进步和对安全性能要求的不断提高，高空作业车的安全防护装置种类不断增加，性能不断提高。目前对高空作业车安全防护装置的要求如下：

(1) 对人体有不安全因素的运动零部件均应设置防护装置，在危险区域内应永久放置清晰可见的带有请勿靠近的指示标志。

(2) 作业车应装有指示装置(如倾斜开关或水平仪)以指明底盘倾斜是否是在制造商的许可范围内，并在每个支腿稳定器的控制点应该能清楚地看见。只有当底盘调整至允许的水平范围后，高空作业车才能进行工作。作业车采用液压支腿调整时，应设有防止液压管路发生故障时支腿回缩的安全保护装置。高空作业车还应有支腿与上车工作装置的互锁或锁定装置，只有当支腿全部可靠支撑地面，上车伸展机构才能够动作；上车伸展机构动作后，支腿操作被锁定，无法操作或操作无效。

(3) 高空作业车应设置防倾翻报警装置，当底盘在任何方向上与水平面的夹角大于3°时，该装置将自动报警。

(4) 高空作业车上车各动作的终点位置应设有极限限位装置。

(5) 对于平台的升降是单独地靠起升钢丝绳或链传动实现的，其系统应有断绳断链保护装置。

(6) 机械安全装置。机械安全装置的部件如杆、连杆、钢丝绳、链条等的设计，应能承受施加在其上的正常工作压力的至少两倍载荷。

(7) 高空作业车应设有紧急停止装置，该装置可在应急时有效地切断所有动力系统，并置于操作者易达到的位置。

(8) 作业车应在地面人员易接近的位置安装应急辅助装置，以确保在主动力失效时工作平台可以安全地返回到地面。

(9) 作业高度在20m以上的高空作业车应设置超载保护装置，超载保护装置可以是负载传感系统。

(10) 伸缩臂和混合臂作业车为避免倾翻和超过允许应力，应安装幅度限制系统。幅度限制器通常由臂长度检测装置、臂仰角检测装置、运算系统以及显示部分和执行机构所组成。臂长度和仰角检测装置用以检测臂架长度和臂对水平面的倾角；运算系统是根据高空作业车工作状态，计算幅度的额定值、实际值以及对两者进行比较，以确定作业车是否处于安全状态。

(11) 电气安全装置。电气的防护等级应符合《外壳防护等级》GB 4208—2008 的 IP54 级。作为信息输出部件，安全开关系统应设计成在出故障的情况下仍能以安全模式运行。如果使用常闭强制开关应符合《低压开关设备和控制设备　第 5-1 部分：控制电路电器和开关件　机电式控制电路电器》GB 14048.5—2008 要求的元器件工作寿命。信息反应元器件(如接触器、继电器等)要具有至少相当于作业车设计的负载循环次数两倍的可靠运行寿命。

(12) 液压安全装置。液压系统失效时应有相应的保护和应急措施，这些装置/系统的先导控制阀的设计和安装在动力中断失效时应进入安全模式(如相应运动的停止)。

(13) 安全装置解除。除了按照制造商的安全解除程序，在正常工作和营救中，应禁止解除安全装置。在作业车的测试、维修或维护时，应按照制造商的建议和程序操作解除安全装置。解除安全装置程序和设备的设计，应尽可能降低不安全因素，保护人员安全。

(14) 安全装置应位于免遭损坏的位置，应容易接近检查且只能用工具调整。

(15) 具有绝缘性的高空作业车应在说明书和标牌上清楚地标明绝缘体的绝缘范围以及额定电压，并在说明书中注明绝缘检测电压和检测周期；每台车出厂前都应进行绝缘性能检测；额定电压为 63kV 以上的绝缘臂架式高空作业车应设置检测电极，并应固定安装在上臂绝缘部分内外表面，位于上臂绝缘体下端金属部分 50～150mm 处，所有连接上臂绝缘部分的液压和气压管需用金属连接器与每条管路连接并位于绝缘臂的检测电极附近。

4.2.5 高空作业车的维护与保养

高空作业车的维护与保养包括作业装置部分的维护与保养和汽车底盘的维护与保养。有关底盘的维护与保养，按照各自配套底盘提供的使用说明书进行。专用装置部分的维护可分为日常维护与定期维护。

1. 日常维护内容

(1) 检查液压油管是否有损坏，是否有漏油现象。如果有，必须加以排除，若因漏油导致油量不足，按规定加足液压油。

(2) 保持作业车清洁，注意保持通向作业车走台板和工作平台的阶梯上不能有油、脂、泥，谨防滑跌。

清洗时不要将水喷溅到电器元件上。

(3) 检查作业车各处标牌，更换和修复所有损坏标牌，不得使用没有操作标牌的高空作业车。

(4) 幅度限制器的主要功能是检测和限制工作幅度。每次操作前均应检查幅度限制器是否工作正常，否则应停止工作，联系生产厂进行维修后才能使用。

2. 定期维护内容

(1) 润滑

按说明书提供的润滑表定期对作业车进行润滑。

作业车在润滑不良的情况下工作，会有严重的危险并可能导致作业车的功能失常和机件损坏，因此，每次作业前均应确认每处滑动和铰接点润滑良好；禁止给运动中的部件润滑；在润滑后，将多余的润滑剂除去，以避免沾染碎屑和灰尘；在工作负荷重、环境条件恶劣的情况下，增加润滑的频次。

(2) 管路和接头

对整个作业车的管路进行检查，确认液压管路和接头没有损坏，没有渗漏。否则，使用制造商提供的备件更换损坏的管件。

(3) 液压油箱的油位

将车停在水平的地面，在行驶状态下，油位应不低于油标的下刻线处。如果油位不够，应加注与原来同样牌号的液压油，直至油位达到油标的上刻线处。

为避免损坏液压系统，不要混用不同品牌、不同性质的液压油。

作业车工作 1000h 后应更换液压油，换油时应将油箱清洗干净后，方可加注新油，之后将油箱上的回油管拆下，接入另一容器，使油泵工作，依次操纵各机构，用新油将旧油顶出，使整个系统油路都充满新油后，再将回油管接至油箱上，同时补充新油至规定位置。

(4) 液压油滤油器

清洗或更换液压油箱上安装的吸油滤油器和压力油滤油器的滤芯，一般应每使用三个月清洗一次。

(5) 主要结构件

检查作业车主要结构件有无裂纹和损坏，如果出现问题，应立即停止使用作业车，并联系制造商修理。检查工作平台与其支架、转台与回转支承、回转支承与副车架、主副车架等处的连接螺栓有无松动或损坏，所有的销轴紧固情况是否有损坏。检查中发现紧固件有松动现象，立即拧紧。发现螺栓、螺母有磨损或损坏现象，立即更换。

(6) 电瓶

电瓶是作业车的重要部件，是正常工作所不可缺少的。电瓶无电，出现紧急情况时，电动泵也无法工作。因此，应特别注意电瓶的检查，当其工作不可靠时，应立即更换。

注意：在对电瓶进行维护和对作业车的电气系统进行维护之前，必须切断电源。

(7) 各安全装置功能

检查蜂鸣器、行程开关、传感器等是否工作正常、信号准确。

(8) 回转减速机

检查减速机润滑油是否有泄漏，是否有不正常噪声、壳体温升过快现象。发现有漏油现象，应检查壳体内油量，润滑油不足时，加注润滑油。发现有不正常声响和温升过快现象，及时修理。

(9) 检查是否有油漆脱落现象

如果必要的话，修理漆面，以防生锈。

3. 维护与保养中的注意事项

(1) 对作业车进行保养操作之前，应认真阅读说明书中的有关章节，严格按安全操作说明进行操作。

(2) 未经培训合格的人员不得进行维护作业。工作过程中如果有疑问，及时与制造商联系。

(3) 在发动机正在运转时，不得进行维护操作(需要发动机运转的特殊情况除外)。

(4) 在对作业车的运动部件(如转台、臂、平台等)进行维护与保养之前，应使用合适的物品支撑牢固，避免部件突然下落，造成事故。

(5) 在拆开油路中的各零件之前，关闭发动机，并确认管路内部的油压力已经释放。

(6) 液压油一般工作1000h换一次，但使用中发现液压油已经变质后应立即更换。

(7) 检查各焊接处，尤其是工作平台、臂架、转台、副车架等关键部位的焊缝有无裂缝和脱焊，如有，则应立即停止使用，通知制造商检修，不得在不明材料、焊条型号、焊接工艺的情况下，擅自焊补，避免造成假焊，留下事故隐患。

4. 绝缘车维护

1) 日常检查

(1) 检查玻璃钢及玻璃钢保护罩

检查上下臂绝缘段是否有影响绝缘性能的污染堆积物，如需要，用中性洗涤剂和水清洗绝缘臂内外表面。擦干绝缘臂后，在外表涂上薄层的硅树脂喷剂，硅树脂增加绝缘臂的斥水能力，特别是在潮湿气候下，以保持臂的绝缘性能。检查绝缘臂是否有任何结构性的损坏，如裂痕或划痕。检查绝缘臂保护罩是否有破损，如有损坏，不要操作作业车，应立即联系生产厂家，由专业人员修复或更换。

(2) 检查工作斗

仔细检查内、外绝缘工作斗上的各部位，出现裂纹或损伤时应修理或更换。

(3) 检查绳索

彻底检查绞车绳索，查看是否有磨损、扯断、切割或者其他缺陷；绳索应保持清洁、干燥，在卷筒上应均匀排列；不要使用不能承受冲击载荷的绳索；一经发现破损或变性，应立即更换绞车绳索；使用指定尺寸和型号的非导电绳索。

(4) 检查液压油的油位

将车停在水平的地面，油位应处于上油标，如果油位不够，加注与原来同样牌号的液压油，加到油标上位为止。

为避免损坏液压系统，降低绝缘性能，不要混用不同品牌、不同性质的油。

2) 绝缘臂的保养

(1) 绝缘臂的外表面应该每天用干燥、柔软、不起毛的布擦拭。

(2) 不要用蒸汽清洗任何绝缘臂或者绝缘部件。

(3) 作业臂脏污时，稍微举升臂，以便于排水。用柔软、不起毛的布蘸取适量异丙醇进行擦拭，也可蘸取适量洗洁精进行擦拭，擦拭干净后应蘸取清水进行擦拭。内外擦洗干净后，用干燥、柔软、不起毛的布把外臂擦干，使内臂完全被晾干。

(4) 不好擦拭的位置，可用压力清洗(软管和喷头)冲洗绝缘臂，压力清洗时的水压不能过高，如果水压过高，臂、软管和接头可能被损坏。

(5) 如果臂上的油迹或其他斑痕，无法用上述方法清除掉，可以使用较强的清洗剂。但是，一定要确保该清洗剂不具有腐蚀性，以免损坏臂表面，不能在臂上残留下传导性物质；清洗特别脏的臂时，要彻底冲洗，并按上述要求晾干。

(6) 绝缘臂清洗完毕后，应涂上一层保护膜。适于玻璃钢的好蜡既能用来保护臂的平滑表面，又能防止粘上尘土、油渍等。

(7) 绝缘臂清洗晾干后，应该按照标准进行绝缘性能检测，以确定其绝缘性能的完整，并检测绝缘段的泄漏电流。

(8) 在任何绝缘性能检测试验之前，都要清洗绝缘臂及绝缘段。维修或更换与绝缘系统有关的任何部件或者维修或更换绝缘部件之后，都要清洗后进行绝缘性能检测试验。

如果有线路—软管箱或者管套等附在臂上，在作业车绝缘性能检测时应将它们卸下。此外，应该定期擦拭它们以保证臂的绝缘性能可靠，选择和更换这样的附件时应该小心，确保臂的绝缘性能没有受到损伤。

检测或清洗臂时发现的碎片、擦痕或者磨损会造成水分进入到绝缘臂中，应按厂家要求重新涂层或密封。绝缘臂绝缘区域一般涂以白色，补漆时应为白色绝缘漆，其余部分使用普通漆。

(9) 作业车清洗时，不得对绝缘臂、绝缘工作斗、绝缘罩壳等部件进行水冲洗。如不慎溅水，应及时用清洁、柔软、不起毛的布擦干。

(10) 作业车若受潮或淋雨等，应放置在干燥、通风、荫凉的环境下晾干，不得在烈日下暴晒。

5. 特别要求

维修维护过程中，除国家标准件外，任何情况下更换任何零部件，均应使用原厂提供或指定的零部件，切忌为节省费用而自行测绘制造或使用非原厂的零部件；国家标准件也应使用正规厂家生产的符合国家标准要求的标准件，为确保安全，对影响安全的标准件(如回转支承的连接螺栓等)，在使用前应进行材质化验和抽样破坏性检验试验。

4.2.6 高空作业车的常见故障及排除方法

高空作业车的常见故障及排除方法见表 4-5。

高空作业车的常见故障及排除方法 **表 4-5**

故障	原因	排除方法
液压系统压力达不到工作压力	1. 溢流阀(安全阀)开启压力过低	1. 调整溢流阀开启压力
	2. 油箱油面过低或吸油管堵塞	2. 补充液压油，检查吸油管、滤油器
	3. 系统(油缸及阀等)有泄漏	3. 对系统顺序检查
	4. 油泵损坏或泄漏太大	4. 检查油泵，进行检修或更换
液压系统噪声严重，振动过大，压力表指针跳动剧烈	1. 管道里有空气，油面过低	1. 检查油面是否过低，吸油管是否有泄漏，将泄漏处补好，若油面过低，则加足液压油，然后，系统元件在空载下循环动作多次，使油缸运动到极限位置，以排除空气
	2. 油泵运转不均匀	2. 检修或更换油泵
	3. 管道或元件没有紧固好	3. 紧固各元件管道和管夹
	4. 油温过低或油已变质	4. 低速运转油泵，使油升温或更换新油
	5. 滤油器脏，油泵有气蚀现象	5. 清洗或更换滤芯
	6. 安全溢流阀设定压力低	6. 调节安全溢流阀设定压力
液压系统油液发热严重，油温过高	1. 液压系统工作时间过长或环境温度过高	1. 适当停车冷却
	2. 溢流阀溢流压力过高，使系统的元件经常受到高压的冲击	2. 调整溢流阀压力

续表

故障	原因	排除方法
液压系统油液发热严重，油温过高	3. 油泵转速过高	3. 适当降低发动机转速
	4. 内渗严重	4. 检查液压元件
	5. 液压元件、管路表面积灰过多	5. 清除表面积灰
工作臂自动下沉（油缸回缩）	1. 油缸内部泄漏	1. 更换油缸密封件或排除其他内泄原因
	2. 管接头漏油	2. 拧紧管接头或更换密封件
	3. 平衡阀失效	3. 检修或更换平衡阀
行驶状态支腿下沉或支腿伸出后自动缩回	1. 油缸内部泄漏	1. 更换油缸密封件或排除其他内泄原因
	2. 管接头漏油	2. 拧紧管接头或更换密封件
	3. 液压锁失效	3. 检修或更换液压锁
工作斗无法平衡	1. 平衡阀失效	1. 检修或更换平衡阀
	2. 安全溢流阀设定压力低	2. 调节安全溢流阀设定压力
	3. 管路泄漏	3. 检修或更换管路
操作无动作，或停止操作后，动作停不住	相应的换向阀卡死	拆洗相应的换向阀
进行支腿或工作臂操作时，系统无压力	1. 发动机未运转	1. 启动发动机
	2. 未挂取力器	2. 挂上取力器
	3. 溢流阀（安全阀）卡死	3. 清洗溢流阀
	4. 油箱油面过低或油管堵塞	4. 补充液压油，检查油管、滤油器
	5. 油泵损坏或泄漏太大	5. 检查油泵，进行检修或更换
	6. 没选择上或下车控制	6. 切换上或下车控制开关
平台控制可操作，平台控制无反应	1. 转或平台切换开关在错误位置	1. 转或平台切换开关置于正确位置
	2. 控制阀堵塞或故障	2. 拆洗控制阀
转台控制可操作，平台控制无反应	1. 转或平台切换手柄在错误位置	1. 转或平台切换手柄置于正确位置
	2. 控制阀堵塞或故障	2. 拆洗控制阀
	3. 管路受压软管受阻或控制电缆损坏	3. 调整软管位置，或检查线路
	4. 急停开关被触发	4. 复位急停开关
各项动作操作缓慢	1. 控制阀没完全打开	1. 完全打开控制阀
	2. 液压油太稠或温度太低	2. 挂上取力，预热液压油
	3. 液压油位太低	3. 补充液压油
	4. 溢流阀（安全阀）开启压力过低	4. 调整溢流阀开启压力
	5. 液压管路、过滤器脏	5. 清洗或更换液压管路、滤芯
	6. 液压管路受阻或打弯	6. 调整液压管路
	7. 发动机转速太低	7. 提高发动机转速
	8. 泵或控制阀因磨损而泄漏过大	8. 检修或更换齿轮泵、控制阀
臂回转正常，变幅缓慢	1. 平衡阀故障	1. 检修或更换平衡阀
	2. 溢流阀因污染而打开	2. 拆洗溢流阀

续表

故障	原因	排除方法
臂回转正常，变幅缓慢	3. 液压缸内部泄漏	3. 更换液压缸
	4. 溢流阀压力设定值太低	4. 调整溢流阀设定压力
臂变幅正常回转缓慢	回转电机故障	检修或更换回转电机
转台回转过度松弛或无规律运动	1. 减速机固定螺栓松动	1. 拧紧减速机固定螺栓
	2. 回转支承缺润滑	2. 回转支承添加润滑脂
	3. 小齿轮与回转支承间隙太大	3. 调节小齿轮与回转支承中心距
	4. 回转支承或小齿轮齿破损	4. 修复或更换回转支承或小齿轮齿
	5. 减速机磨损或失效	5. 修复或更换减速机
	6. 回转电机固定螺栓松动	6. 拧紧回转电机固定螺栓
操作时，底盘发动机减慢或失速	1. 发动机怠速太低	1. 提高怠速
	2. 发动机仍很凉	2. 怠速预热发动机
	3. 发动机调节不当	3. 调节发动机
工作斗旋转缓慢	流量限制阻尼孔阻塞	拆洗阻尼孔
支腿未支好，工作臂能动作	1. 支腿检测开关卡死	1. 检修或更换支腿处检测开关
	2. 上车切换电磁阀应急后未复位	2. 复位上车切换电磁阀应急手动旋钮
工作臂已脱离臂支架，支腿能动作	1. 臂支架处检测开关卡死	1. 检修或更换臂支架处检测开关
	2. 下车切换电磁阀应急后未复位	2. 复位下车切换电磁阀应急手动旋钮
支腿支好后，工作臂不能动作	1. 上下车切换开关未切换	1. 切换到上车
	2. 急停开关处于按下状态	2. 将急停开关复位
	3. 支腿检测开关故障	3. 检修或更换支腿处检测开关
工作臂回收后，支腿不能动作	1. 上下车切换开关未切换	1. 切换到下车
	2. 急停开关处于按下状态	2. 将急停开关复位
	3. 臂支架检测开关未压实	3. 动作伸缩臂，压实臂支架检测开关
接通上车总电源后发动机自动熄火	上装电气控制装置处于熄火状态	按一下上装任一处启动按钮，启动发动机

4.2.7 高空作业车日常检查表

高空作业车为液压传动，结构先进，自动化程度高，要保持正常技术状态，决定于维护。维护分为日常维护、月度维护和年度维护。

1. 日常维护(由操作人员在每班前、中、后进行，见表 4-6)

高空作业车日常维护检查表 **表 4-6**

序号	维护部件	作业项目	技术要求
1	液压油箱	检查、添加	无污染、无泄漏
2	液压元件	检查	无卡滞、无渗漏、动作准确、作用可靠

续表

序号	维护部件	作业项目	技术要求
3	操作机构	检查、调整	无偏斜、无卡滞、作用可靠
4	锁定装置	检查	无缺损、无偏斜、作用可靠
5	各机构及结构件	检查、紧固	无明显变形、脱焊、松动等不正常现象
6	工作臂	检查	无明显变形、损伤，伸缩或运动正常
7	钢丝绳、链条、滑轮和吊钩	检查	无明显磨损、扭结，滑轮无卡滞
8	销轴及衬套	检查、润滑	无明显松旷，每8h加注润滑脂
9	主要部位连接件	检查、紧固	无松动、失落、损伤
10	安全保护、警示装置	检查	正常有效
11	各润滑点	检查、补充	各液面检查，补充润滑油，各注油点加注润滑脂
12	整机	清洁	机身整洁，无妨碍视线情况，通道无油污

2. 月度维护(以专业维修人员为主，操作人员为辅进行，见表4-7)

高空作业车月度维护检查表 **表4-7**

序号	维护部件	作业项目	技术要求
1	液压油箱	检查、油质快速分析、滤芯清洁或更换	油箱无污染，管道畅通，无泄漏；油质快速分析，达到10级过滤，达到12级更换，滤芯每50h清洁，1200h更换
2	操作机构	检查、调整	无损伤变形，操作轻便，回位灵活
3	回转机构	检查紧固回转支承螺栓	按规定力矩紧固
4	起升机构	检查钢丝绳，检查紧固连接螺栓	达到报废标准更换，按规定力矩紧固
5	液压元件	检查：管道密封、液压泵、液压电机、阀	各管道无破损，接头不渗漏，泵及电机运转平稳，无异常噪声及过热，液压缸磨损不超限，不渗漏，阀类无渗漏、无卡滞
6	工作臂、滑轮和吊钩	检查	无明显变形、损伤，滑轮无卡滞
7	销轴及衬套	检查、润滑	无明显松旷，每8h加注润滑脂
8	安全保护、警示装置	检查、试验	传动灵活，警示标志完整；幅度限制器误差不大于5%
9	各润滑点	检查、补充	各传动齿轮箱油质、油量检查，各注油点加润滑脂，排除泄露
10	整机性能	检查、试验	各传动机构运转无异常，仪表指示准确，制动可靠，机容整洁，附件装备完整有效，支腿作用良好

3. 年度维护(由技术人员、维修人员执行，操作人员配合，见表4-8)

高空作业车年度维护检查表 **表4-8**

序号	维护部件	作业项目	技术要求
1	液压油箱	检查、油质快速分析、滤芯清洁或更换	油箱无污染，管道畅通，无泄漏；油质快速分析，达到10级过滤，达到12级更换，滤芯每50h清洁，1200h更换

续表

序号	维护部件	作业项目	技术要求
2	液压元件	检查：管道密封、液压泵、液压电机、阀	各管道无破损，接头不渗漏，泵及电机无损伤，运转平稳，无异常噪声及过热，液压缸活塞杆无刮伤，不均匀磨损不大于0.2mm，密封良好，内泄漏量小于1.5ml/min。阀类无损伤、变形，无渗漏、无卡滞
3	操作机构	检查、调整	无卡滞、松旷现象，操作轻便，回位灵活
4	主机及紧固件	检查、紧固	无损伤、变形，各附件齐全，连接牢固
5	回转机构	检查齿轮、齿圈磨损情况，紧固螺栓，加注润滑脂	齿轮、齿圈磨损不超过0.25mm，拧紧固定螺栓，注满润滑脂
6	工作臂	检测	运动正常
7	钢丝绳、滑轮及吊钩	检测	绳缆端头固结牢固，磨损断丝不超过规定，混乱转动灵活，轴承无松旷，吊钩断面磨损不超过原尺寸1mm
8	销轴及衬套	检查、润滑	无弯曲、损伤，磨损量不大于1mm
9	润滑	检查，更换减速器齿轮油	按规定牌号和容量更换
10	整机涂覆面	防锈、补漆	表面整洁，无起泡、锈蚀现象
11	螺栓、管接头	检查、紧固	执行全部不解体紧固，按规定力矩允许差±10%
12	安全保护、警示装置	检查、试验	传动灵活，警示标志完整；幅度限制器误差不大于5%
13	整机性能	检查、试验	各传动机构运转无异常，液压系统无过热、无异响、无渗漏，仪表指示准确，安全保护装置有效，制动可靠

4.3 高空作业车的安全操作规程

4.3.1 高空作业车操作的基础规程

1. 定员和培训

高空作业车是集光机电液为一体的高技术装备，无论是设计、制造还是使用和维护，对相关人员的知识和技能的要求均较高，从使用和维护的角度，必须首先选定专职驾驶员和操作工，并安排学习掌握产品的通用知识、专用知识、操作方法、注意事项、操作禁令、维修维护等知识。

1）定员

高空作业车的安全驾驶与其他机动车辆驾驶虽有所不同，但只要掌握基本知识和注意事项，一般使用单位均可将驾驶员兼作操作人员，既节省使用的人工成本，又更容易实现专业化管理。由于高空作业一般需要3～6人为一组(路灯行业一般3人即可，而电力行业则需要5～6人方能构成一个完整的作业班组)，因此可以确定其中的2～3人为专职驾驶员兼操作员，其余为专职操作人员。其上岗基本条件应考虑：

(1) 具有高中或以上文化程度；

(2) 接受过中级技工学校或以上职业教育；

(3) 具有B或以上机动车辆驾驶执照(仅驾驶员)；

(4) 具有较强的责任心、工作稳重、细心、纪律性较强等职业素养；

(5) 作业车操作人员必须经过制造商专门的培训，对车辆的控制装置、安全设施以及所有操作都接受过专门指导；

(6) 必须掌握作业车的操作方法，能够在工作平台处于不同位置的情况下，采用安全的方法使其到达工作位置和回到初始位置；

(7) 认真、完整地学习所使用车辆的使用说明书，了解作业车的基本结构、使用条件，知道哪些使用情况是不适当的，掌握在出现紧急情况时及时、正确的处理方法；

(8) 身体条件能够满足操作作业车的要求；

(9) 操作时应精力集中，随时注意观察工作情况和周围环境，及时处理各种情况；

(10) 服用对反应能力有影响的药品或含酒精的饮料后，不得操作作业车。

2) 培训

(1) 通用知识培训：高空作业车涉及的通用知识一般有机械基础(画法几何、机械制图、金属工艺学、钳工技术等)、电工基础(电子电器、电路、继电器、自动化、传感器等)、液压基础(液压传动与控制、气动、常用液压回路等)。采取自学、送培或举办专门的学习班均可满足这些知识的学习。

(2) 送到制造厂进行专门培训：制造厂一般均按照特定产品进行免费的操作培训，用户在选定产品后应落实操作员并与制造厂商定，在高空作业车投入使用前完成操作培训，并获得操作培训合格证后方可上岗操作使用。

(3) 学习选定高空作业车的产品知识：一般来说，即使同一个厂家生产的产品，不同型号的产品的产品知识也是不一样的，因此，应紧紧围绕厂家随车提供的产品使用说明书认真学习，学习的重点有：

① 整车结构、机构和构成。

② 整车基本功能。

③ 整车和各功能的主要技术参数。

④ 机械运动机构、液压系统、电气系统工作原理。

⑤ 驾驶、操作、维护与保养、储存要求和注意事项。

⑥ 操作禁令。

⑦ 应急操作方法。

⑧ 安全保护功能：随着科技进步和产品技术的发展以及社会施工文明程度的提高，对高空作业车的安全的要求也越来越重视，制造厂在设计上配置了越来越齐全的安全保护功能，如果使用者不能熟悉、熟练掌握，轻则影响作业效率，重则出现安全事故。熟悉、掌握各类高空作业车可能配置的安全保护功能主要有：

a. 防倾翻预警：绝大多数高空作业车均配置了四个支腿，以保证作业过程中整车的稳定性，而一旦发生支撑不稳，会出现支腿离地现象，此时会有声光报警，应立即停止作业，并使车辆处于安全状态，排除安全隐患后方可再次使用。

b. 防碰撞：采用传感系统实现平台与周围物体的防碰撞。工作平台在运动过程中，可

能会遇到诸如树枝、电线、线杆、墙壁等障碍物，此时会有声光报警，或直接自动切断动力，强制停止操作。

c. 支腿自动调平：高空作业车在工作过程中，由于支撑地面可能出现下陷，进而导致整车倾斜甚至倾覆，为此，有些产品设置了整车自动调整装置，确保整车处于平衡状态。

d. 运动极限限位：高空作业车一般均设有臂架运动极限限位装置(如行程开关、接近传感器等)，臂架运动到最大仰角、最大长度等极限位置前，一般会声光报警直到自动切断动力，强制停止操作。

e. 水平仪：在完成支腿操作后，在支腿操作处，一般均有整车水平状态指示仪，操作人员应注意观察水平仪，确认整车处于水平状态(气泡没有全部游离十字线)后方可上车操作。

f. 油压和油温：为确保液压系统正常工作，系统上均设有压力表、液压油温度表，操作人员应注意观察表数变化，一般液压油温应不超过60℃、压力表不能长时间处于溢流状态(或按使用说明书要求)。

g. 取力与行车互锁或警示：车辆行驶过程中，如果没有摘除取力，将严重损坏取力器、油泵等部件，因此，很多产品都设置了警告标志或互锁装置，驾驶人员应十分注意。

h. 液晶显示器：用于状态显示、电气故障诊断及报警。

i. 垂直升降：在作业幅度不变的情况下，改变作业高度。

j. 水平伸缩：在作业高度不变的情况下，改变作业幅度。

k. 单边作业：车辆某一侧的水平支腿没有伸出或没有完全伸出，则限制工作臂往这一侧回转。

l. 断链保护：伸缩臂架类高空作业车，若出现伸缩链断链(松链)情况，蜂鸣器报警，同时切断控制工作臂外伸的动作。

m. 上、下车互锁：当水平、垂直腿没有完全支撑到位，上车无法动作；工作臂脱离臂支架后，支腿无法动作。

n. 软腿检测及保护：作业过程中若出现软腿，则系统报警，同时限制工作臂外伸、往下变幅和转台回转。

o. 平台称重：进行平台载荷超载限制。若超载，则系统报警并切断所有动作。

p. 平台回转：通过平台回转油缸的伸缩实现平台左右回转。

q. 工作臂与车体防碰撞：工作臂仰角较小时，在驾驶室区域限制回转，防止工作臂与车体发生碰撞。

r. 一键回复(自动收车)：作业结束及平台回转到行车状态位置后，按下此键，工作臂按设定路线收回到行车状态。

s. 斜坡功能：启动及制动时，可实现缓冲。

t. 力矩限制：根据不同平台载荷，自动限制其最大的作业幅度及相应的作业区域。

u. 幅度限制：无论平台载荷达到何值，均限制车辆的最大作业幅度。作为后备的安全措施，防止万一力矩限制出现故障时作业幅度超限。

v. 自动油门控制：当进行作业车操作时，发动机油门可自动切换到设定的速度。下车、转台、平台都可对油门进行控制。

w. 计时装置：当工作装置的电源接通后开始计时，断电后计时结束，每次通电时间

累积。

x. 应急泵系统：有手动泵或电动泵，用于在应急情况下，将臂架和平台收回。

y. 应急手动操作系统：电气系统瘫痪后，可以全手动操作作业车，使作业平台收回到行驶状态。

z. 平台液压动力源接口和外接220V电源接口：用于在空中作业时，使用标准外接电源照明或使用电动工具、液压机具作业。

2. 存放与保养

高空作业车一般均应存放于专用车库，并使车库处于良好的通风状态。

由于车辆为改装的专用作业类车辆，即使没有装载货物，整车也基本处于满载状态，因此存放时应将垂直支腿支撑于地面，以释放钢板弹簧负载、轮胎负载，使钢板弹簧和轮胎处于卸荷状态，保持轮胎的圆度并提高使用寿命。

对绝缘式高空作业车，贮存时还应使整车处于干燥状态，防止受潮、降低绝缘等级，并每隔不大于一个季度进行一次绝缘性能检测，确认安全后方可再使用。绝缘式高空作业车还应防止绝缘臂架收受磕碰、落灰尘，以防止积存污物而导电，从而失去绝缘性能。

4.3.2 高空作业车作业准备阶段的安全操作规程

1. 行车前的检查和准备

1）检查轮胎气压是否正常。

2）检查发动机水位、机油压力、燃油位。

3）检查作业车液压油位，确保液压油箱中的油量达到规定值。

4）检查灯光是否正常。

5）检查行车制动是否正常。

6）检查工作机构是否处于行驶状态，如臂架是否落实于臂支架上、绝缘臂是否捆绑可靠、支腿是否伸出等。

7）施工过程需要的工机器具和原辅材料是否备齐。

8）预知现场气象环境条件，是否满足作业车要求，一般高空作业车作业的气象环境条件主要有：

(1) 作业应在良好天气下进行，雨、雪、雾、雷天气时不得进行。

(2) 作业车工作的环境温度一般为－25～＋40℃。

(3) 海拔高度不超过1000m。

(4) 作业车不得在有火灾、爆炸危险的区域、腐蚀性的环境以及对操作人员健康有害的粉尘环境工作。

(5) 光线暗淡或能见度低时禁止工作，如果必须在低能见度时或夜间工作，必须采取措施在平台工作的整个区域保证良好的能见度。没有保证的能见度，或者只保证部分区域或一个方向的能见度，有可能产生导致人员严重伤害的危险。

(6) 作业车工作处地面坚实、平整，地面坡度超过5°时不得工作。

当地面松软，不足以支撑支脚时，必须在支脚下加垫支撑物(如厚木板)，以增大支撑面积，减小压力。支脚要落在支撑物的中心。作业车支腿在地面上支起后，车轮离地面30mm以上。

(7) 强风能使工作平台的结构过载，使用作业车时应随时注意风速，风力超过 6 级(大约 12.5m/s)时，应停止工作，将工作平台降回初始位置。高空作业车风力测量参考表见表 4-9。

高空作业车风力测量参考表 **表 4-9**

风力		风速(m/s)	现象
0	无风	0.3	烟一直向上
1	轻风	0.3～1.4	看烟可知风向，风向标不转
2	轻微风	1.5～3.0	树叶摇动，人的面部能感觉到风
3	轻微风	3.3～5.3	树叶和小树摇动
4	弱风	5.5～7.8	尘土和纸张被吹起，杆运动
5	强弱风	8.0～10.5	水面上有小波浪
6	强风	10.8～13.6	旗杆弯曲，打伞行走困难
7	强风	13.8～16.9	树在晃动，迎风行走困难
8	暴风	17.2～20.5	树枝断裂，在开阔地行走困难
9	暴风	20.8～24.4	对建筑物有小的损害
10	大暴风	24.4～28.3	对建筑物有较大损坏，树连根拔起

(8) 作业车工作时，与悬崖和沟渠应保持足够的安全距离。安全距离与地面的类型有关。大致规则为：地面松软可能出现滑坡的沟渠，安全距离应当是沟的深度的 2 倍；地面结实不会出现滑坡的沟渠，安全距离为沟的深度。

(9) 当在工作范围内有电线通过时，高空作业车任一部分与电线的距离均应始终保持足够的安全距离，尤其在电线没有断电或情况未知时，更应注意。

一般情况下，工作平台与电线间应按表 4-10 的要求保证足够的安全距离。

工作平台与电线间的最小安全距离表 **表 4-10**

电压	最小距离(m)	电压	最小距离(m)
1kV 以下	1	110～220 kV	4
1～110 kV	3	220～380 kV	5

如果不知道动力线的电压，请至少保持 5m 的距离。

2. 行车注意事项

高空作业车属于臂架类专用作业类车辆，行驶宽度大、行车重心高、纵向和横向通过性差，因此，在行驶过程中应注意：

(1) 空中障碍物(如涵洞最大通过高度、过街电线等)：由于车辆整车高度大，应防止车辆被撞或刮擦障碍物；

(2) 转弯速度：由于整车重心高，其横向稳定性系数一般均不超过 0.72，个别的甚至低于 0.6，因此转弯时，其稳定性远低于普通货车，应时刻注意低速转弯，一般不宜超过 30km/h；

(3) 地面通过性：高空作业车一般均自底盘变速箱直接取力，装有取力器和液压油泵，其离地高度接近底盘最小离地高度，同时其液压支腿也降低了离去角度，因而其纵向和横向通过性较差，行车时应注意观察车辆的可通过性，必要时停车观察，确保通过后可再继续行车。

3. 停车和驻车注意事项

高空作业车常停靠在路边作业，过往车辆和行人多、状况复杂，因此应注意：

(1) 车辆应停靠在尽可能不影响或少影响过往车辆和行人通行的位置；

(2) 车辆停靠处应留有足够的场地，以满足支腿支撑的需要；

(3) 驾驶员和作业人员尽可能从右侧下车，防止被从后面行驶来的车辆或人员碰撞；

(4) 放置好应急停车交通指示牌(俗称反光三脚架)，提醒过往车辆和行人绕行；

(5) 如果车辆不得不停驻在坡道上，则必须使车辆纵向与坡道方向一致，并在实施有效制动的同时，在轮胎下塞入止动楔块，防止车辆下滑；即使车辆可以并稳定地停驻在坡道上，也必须使整车处于水平状态方可考虑作业。

4. 作业前的再准备和注意事项

一旦作业平台到达空中指定的作业点，上下来回运动将明显降低作业效率甚至出现安全问题，因此，在车辆停驻后、作业前，还应注意以下事项：

(1) 再次评估环境气象条件(参照 4.3.2 高空作业车作业准备阶段的安全操作规程)；

(2) 通信准备：确保空中作业人员与地面的通信及时、准确、清晰；

(3) 各支腿是否全部伸出或有条件伸出的条件是否符合；

(4) 支腿支撑是否稳定可靠，支撑点基础是否坚实稳固，确保作业过程中支撑点不下陷；

(5) 作业过程中需要的工机器具和原辅材料是否已装入作业平台或随身携带，并确保连同作业人员的总重量不超过作业平台的额定载荷；

(6) 是否系好安全带，确保作业人员不因意外而跌落；

(7) 检查各部分零件的紧固情况及牢固程度：主要检查主副车架连接螺栓、回转支承与转台及副车架的连接螺栓、平台及拖架的连接螺栓、各销轴和紧固件等，如有松动或损坏应立即更换；

(8) 对规定润滑处检查润滑是否良好；

(9) 检查按车辆说明书中要求的“作业车的工作条件”中的其他事项进行。

4.3.3 高空作业车作业阶段的安全操作规程

1. 取力及其操纵

在操作取力之前，应首先再次确认手刹车处于刹车状态。然后将变速杆置于空挡位置，踩下离合器踏板，扳动取力器开关，使取力箱内取力齿与变速箱内的齿轮啮合，然后慢慢松开离合器踏板，使油泵运转。油泵运转后，检查转动时有无异常声响，确定运转正常后，方可进行下一步操作。

对于采用气动驱动取力挂挡的高空作业车，进行取力操作时，如果气压过低有可能导致无法挂上取力器。工作前先检查气压，如过低，应空挡运转，当储气筒气压足够后再操作取力器取力。

新车或环境温度较低时，启动油泵后必须在无负载下运行 5～8min，预热液压系统，然后再进行下一步操作并进入作业操作状态。

2. 支腿操作

高空作业车下车操作一般主要是支腿操作，一般下车操作处均有支腿操作指示牌，应按照指示牌操作。

下车操作时应注意：

(1) 在高低不平场地或支腿支撑处地基较软时，要用大木块垫在支腿支脚盘下。

(2) 扳动支腿开关，使装在支腿上的警示灯亮，提醒过往车辆与行人注意观察。

(3) 工作臂处于初始位置时(在臂支架上)，才可以进行支腿操作。下臂离开臂支架后，支腿锁死，不能进行操作。

(4) 严格操作顺序：即按顺序先伸出水平支腿，在水平支腿全部伸出后再伸垂直支腿，当所有支腿全部伸出后方可操作上车。

(5) 因支腿伸出过程中，车辆占据的场地不断增大，在支腿伸出过程中应注意观察过往车辆和行人，随时停止操作，甚至收回支腿。

(6) 注意观察水平仪，以保持整车水平，应使水平仪的气泡位于最小的圆圈内，否则，应再调节支腿，使整车水平。

(7) 滤芯堵塞指示灯。当长期工作后，液压系统出现污染物导致回油滤油器的滤芯堵塞，操作者应注意及时清洗或更换滤芯。

(8) 观察支腿到位指示灯，并确认支腿伸出到位。

(9) 支腿操作完毕后，应拨动电源开关切断下车电源。

(10) 支腿伸出后，轮胎必须离开地面一定距离(30～80mm)。

(11) 支腿操作完毕后，应将手柄1～4全部置于中位(上下车互锁手柄置于合适的位置)。

3. 臂架举升和回转

高空作业车臂架举升和回转操作也称上车操作，一般上车操作在转台控制箱面板上设有操作指示牌，指示相应的开关或手柄等对应的臂架、转台、平台、回转等动作，应按照指示牌操作，且绝大部分高空作业车均有上下两处操作，即下操作指在转台处操作，上操作指在平台处操作，且该两处操作是互锁的，即上下操作不能同时进行。因此，操作时应注意：

1) 先选择操作模式，即是上操作还是下操作。

2) 观察环境，并：

(1) 按动喇叭，鸣叫示意和提醒相关人员注意，喇叭持续鸣响的时间不少于2s、不得大于1min。

(2) 观察支腿是否支撑稳固，整车是否处于水平状态，如果支腿下陷或整车倾斜度发生变化，无论倾斜度为多少，均应立即停止上车操作。

(3) 风力超过6级时，应立即停止上车操作，并停止高空作业。参考风力见表4-9。

(4) 操作时，注意与悬崖、沟渠等应保持足够的安全距离。安全距离与地面的类型有关。大致规则为：地面松软可能出现滑坡的沟渠，安全距离应当是沟的深度的2倍；地面结实不会出现滑坡的沟渠，安全距离为沟的深度。

(5) 当在工作范围内有电线通过时，应始终保持足够的安全距离，尤其在电线没有断电或情况未知时更应注意，如果不知道动力线的电压，请最小保持5m的距离。安全距离见表4-10。

(6) 垂直支腿未支撑稳固及垂直支腿状态指示灯没有全部点亮，禁止操纵转台和工作臂，如果是在操作过程中出现，应立即停止上车操作。

(7) 注意观察各机构是否达到极限位置，随时停止操作。

(8) 如果是带电作业，应确保有效绝缘长度足够后方可作业。

(9) 如果是下操作，操作人员应时刻保持与平台中作业人员的目视、对话或通信联系，随时停止操作。

(10) 带起重功能的高空作业车，在操作臂架时，还应注意观察起重绳的长度变化，防止拉断起重钢丝绳。

(11) 带电液比例系统的高空作业车，调速手柄扳动幅度越大，速度越快，不拨动手柄时，手柄自动复位至中间位置。因此，为使臂架和平台运转平稳，在操作时不可突然增加该幅度，特别是启停时也不可突然加速或停止，应慢慢将手柄置于稳定速度位置或置于非操作位置。

(12) 平台到达作业点，应停止发动机运转，以节省燃油，需要时再启动发动机，每次启动发动机的时间不得超过 5s，相邻两次启动之间至少间隔 20s；发动机正常运转时严禁启动发动机。

(13) 只有当臂架完全脱离臂支架后，才能进行回转。

(14) 作业车液压油温超过 70℃时，应停机休息，降温后再使用。

(15) 每次操作只能进行一个动作，不得进行复合动作；动作时，先按下动作选择开关，再缓慢扳动调速手柄；动作停止时，先缓慢放松调速手柄，再松开动作选择开关；不得在高速时启动、停止；调节速度时，动作应缓慢，不得急剧改变工作速度，否则可能造成动作不稳。

(16) 工作完毕，应使工作臂及工作平台回到初始位置，尤其注意下臂落下后，应与臂支架配合好，不得悬空。

(17) 最小幅度原则：只要能够达到作业点，应始终坚持最小幅度原则，即只要能够满足作业要求，应始终坚持将作业平台的作业幅度控制在最小状态。

(18) 对伸缩臂高空作业车，操作臂架伸出时，应注意观察幅度或力矩限制器的工作状态，防止幅度或力矩限制器出现故障而发生危险。

(19) 具有起重功能的高空作业车，在进行起重作业时应注意：

第一，应先将各工作臂置于相应位置，再进行起重作业；

第二，应严格按照起重特性曲线操作，严禁在超出起重特性曲线范围时进行起重作业，严禁在起重作业工作区域外进行起重作业；

第三，吊钩不得横向拖拉重物，严禁带载伸缩，即不允许起吊重物后，再伸出或缩回伸缩臂；

第四，在最大负荷下起重作业时，吊臂左右旋转角度均不能超过 45°；

第五，每次作业前都要先试吊，把重物吊离地面 50～100mm，试验制动是否可靠；

第六，起重卷筒上的钢丝绳工作时不可全部放完，应至少保留 3～4 圈，以防钢丝绳末端松脱发生事故；

第七，起重作业时，起重臂下严禁站人；

第八，严禁吊重时工作平台载人；

第九，严禁高空作业与起重作业同时进行。

4.3.4 高空作业车作业后的安全操作规程

完成高空作业后，应按照相应的顺序将各工作机构收回至行驶状态：先顺序收回臂架并将臂架置于臂支架上，再收回支腿，再摘除取力，并将所有随车工机器具、原辅材料、支腿垫板等附件收回并放置到规定状态。

1. 臂架收回

1）先选择操作模式，即是上操作还是下操作。

2）观察环境，并：

(1) 按动喇叭，鸣叫示意和提醒相关人员注意，喇叭持续鸣响的时间不少于2s，不得大于1min。

(2) 观察支腿是否支撑稳固，整车是否处于水平状态，如果支腿下陷或整车倾斜度发生变化，无论倾斜度为多少，均应立即停止上车操作，并立即判断出将臂架朝着使整车更稳定安全的方向操作。

(3) 操作时，注意与悬崖、沟渠等应保持足够的安全距离。安全距离与地面的类型有关。

大致规则为：地面松软可能出现滑坡的沟渠，安全距离应当是沟的深度的2倍；地面结实不会出现滑坡的沟渠，安全距离为沟的深度。

(4) 当在工作范围内有电线通过时，应始终保持足够的安全距离，尤其在电线没有断电或情况未知时更应注意，如果不知道动力线的电压，请最小保持5m的距离。安全距离见表4-10。

(5) 上车各部分没有收回到行驶状态，禁止操作下车支腿。

(6) 注意观察各机构是否达到极限位置，随时停止操作。

(7) 如果是下操作，操作人员应时刻保持与平台中作业人员的目视、对话或通信联系，随时停止操作。

(8) 带起重功能的高空作业车，在操作臂架时，还应注意观察起重绳的长度变化，防止拉断起重钢丝绳。

(9) 带电液比例系统的高空作业车，调速手柄扳动幅度越大，速度越快，不拨动手柄时，手柄自动复位至中间位置。为使臂架和平台运转平稳，在操作时不可突然增加该幅度，特别是启停时也不可突然加速或停止，应慢慢将手柄置于稳定速度位置或置于非操作位置。

(10) 每次启动发动机时间不得超过5s，相邻两次启动之间至少间隔20s；发动机正常运转时严禁启动发动机。

(11) 只有当臂架达到接近对准臂支架后，才能将臂架落至臂支架上，否则应进行左右回转对中；注意：下臂落下后，应与臂支架配合好，不得悬空。

(12) 每次操作只能进行一个动作，不得进行复合动作；动作时，先按下动作选择开关，再缓慢扳动调速手柄；动作停止时，先缓慢放松调速手柄，再松开动作选择开关；不得在高速时启动、停止；调节速度时，动作应缓慢，不得急剧改变工作速度，否则可能造成动作不稳。

(13) 最小幅度原则：在臂架回收过程中，仍应始终坚持最小幅度原则，即应始终坚持将作业平台的作业幅度控制在最小状态。

(14) 对伸缩臂式高空作业车，操作臂架回收时，应先将伸缩臂收回至最短，操作回转机构，使臂架转至行驶状态的方位，再减小臂架仰角，直至将臂架回转落到臂支架上。

(15) 作业人员从平台里走出至走台板上、从走台板回到地面等过程中，应注意脚下安全，防止踩空、踩滑跌倒，防止与地面过往行人或车辆碰撞。

2. 支腿收回

收回支腿必须按照下车操作标牌的指示要求操作，先将垂直支腿收回，再收回水平支腿。

3. 行车前检查

(1) 检查轮胎气压是否正常；

(2) 检查发动机水位、机油压力、燃油位；

(3) 检查灯光是否正常；

(4) 检查行车制动是否正常；

(5) 再次检查工作机构是否处于行驶状态，如臂架是否落实于臂支架上、绝缘臂是否捆绑可靠、支腿是否伸出等；

(6) 施工过程用到的工机器具和原辅材料、随车附件等是否完全回收并置于规定位置；

(7) 确认取力器已经脱开变速箱，液压油泵不再工作；

(8)做到文明施工，打扫施工现场，将施工过程中产生的垃圾、废品等回收带走，送交并按规定的办法处理。

4.4 高空作业车安全操作技术与管理

4.4.1 高空作业车日常使用注意事项

1. 采购管理

1) 采购人员的构成

如同其他各种专用设备一样，高空作业车是一种专用性极强、技术复杂的产品，因此购买时必须有如下人员参加，以确保其功能、性能、安全性等满足使用：

(1) 使用人员：如操作工或操作工的直接管理者、曾经有较长时间操作过高空作业车的相关管理人员，他们有着较为丰富的使用经验，能够从功能、性能、安全性等方面确认产品是否满足自己的使用要求；

(2) 安全管理人员：可从安全的角度考察，不仅要考察产品的安全性能，还要考察制造厂的安全管理是否到位、产品制造过程的质量控制是否能够持续有效；

(3) 机电液方面的技术人员：从设计的角度考察产品的设计安全，条件不具备时可以委托专业技术人员；

(4) 领导带队：听取并汇集各方面意见，作出正确判断。

2) 采购前考察

百闻不如一见，除非是连年多次购买同一厂家的设备，一般第一次购买或间隔很长(2年或以上)时间再购买同一厂家的设备，每次购买前均应实地考察，基于事实的决策方法，是规避购买风险的最有效的办法。

3）推荐重点考察的安全问题

(1) 考察设计安全性

设计安全是高空作业车安全性最重要的环节，所谓设计安全了不一定安全，但设计不安全，则使用必不安全。因此，设计的安全控制至关重要。

目前，对高空作业车设计安全控制有指导作用的标准有《高空作业车》GB/T 9465—2008、《高空作业机械安全规则》JG 5099—1998 等，尽管这些标准对安全性作了明确要求，但由于是推荐性标准，各厂家采用程度不一，因此，实践中重点还是厂家自己要采取具体的控制措施。因此，要重点从以下几个方面考察：

第一，掌握标准、贯彻标准情况：《高空作业车》GB/T 9465—2008 中对安全性的要求实际上已经比较完善，对结构强度、支撑稳定性、速度控制、极限位置限制、超越操作、环境条件、标志、防护等各方面均有规定，虽属于推荐性标准，但企业如果能够执行好，完全可以有效地控制设计安全。产品的企业标准是一切技术文件(包括图样)的“宪法”，因此，不仅应考察制造厂的技术管理、设计、工艺和质量等人员掌握标准情况，还要考察其制定的相应的产品标准情况、相应的设计文件、工艺文件、质量控制文件和出厂文件及其贯彻情况。

第二，设计过程的程序控制情况：设计是产品实现的第一道工序，即使有了标准的要求和规定，如果对设计过程没有有效的控制，仍然不能确保设计安全。因此，应考察制造厂制订的过程控制程序和管理规定及其设计开发过程实施控制的情况。

第三，产品技术方案规划情况：不同结构形式、不同作业高度，其安全功能有所不同，为提高产品安全性并减少设计开发返工，通常在设计开发的初期就应对产品的安全性功能要求作出规划，用于指导技术方案设计和图样及技术文件设计。

第四，产品试制前的安全性评价情况：在设计工作完成后、投入试制前，均应进行专门的安全性评审，在结构强度安全、支撑稳定性、速度和极限位置控制、超越操作、环境条件适应性、标志、防护等各方面，在经过计算校核的基础上再行评审，以确保不要把安全问题带入生产环节。

第五，新产品试验验证情况：新产品试验验证是产品开发极为重要的一环，是对设计安全性的检验和验证，通过试验验证可以发现设计缺陷、制造缺陷和安全隐患，并为设计改进提供第一手资料。但在许多企业没有足够的重视，往往只注重产品功能性试验，而缺乏考核性试验，甚至存在急功近利的现象，产品没有经过型式试验和可靠性试验考核就销售给用户，把用户的使用现场作为试验基地，结果酿出惨剧。

第六，推荐重点考察的设计安全技术：高空作业车属于机电液一体化产品，技术上比一般的工程机械相对复杂，应在具体技术上从如下几个方面重点考察：

① 结构安全性：支腿、副车架安装回转支承的基础、臂架及其各铰接点支耳、平台自动调平系统的全部零部件、铰接销轴的轴向限位。结构设计上这些方面没有问题，则结构安全可以具备保障性前提。

② 支撑稳定性：高空作业车的前支腿一般只能布置在驾驶室后面，支起支腿后，前

桥、发动机、变速箱、驾驶室等部件的重量均落在前支腿构成的倾翻线外，致使前方作业的支撑稳定性较差，因此应重点控制。一般来说，在考虑风载、动载和操作冲击力后，前方作业稳定性系数应达到1.5以上。

③ 必不可少的控制安全措施：防止液压管路破裂而产生的失速、上下车操作的互锁、上下操作的超越控制、紧急切断动力及反向恢复、最大速度控制、极限位置限制、幅度限制、软退保护等。

④ 看不见的安全问题：重载件的疲劳强度、液压油缸密封和活塞连接的可靠性、行驶时摘掉取力、限高标志、强或弱电控制元件的参数匹配、防水性、电磁兼容性、抗电磁感应(只限在变电站、发电厂使用时)、底盘大梁加固(行业内的很多厂家产品都有过大梁断裂的现象)及其连接方式等。

(2) 考察制造安全性

设计安全了，如果制造质量达不到设计要求，仍然会出现安全事故，因此，制造过程的控制是保证高空作业车作业安全的又一关键环节。通常应从下列几个方面进行关键环节控制：

第一，质量保证体系：企业应建立文件化的质量保证体系，从组织、流程、职责、记录、不合格的控制、内部审核等各方面作出规定并有效运行，避免为取证而认证。

第二，制造过程的工艺控制：尽管制造过程应全部得到控制，但仍然要有重点、有选择地去特别管控关键过程、关键工序、特殊工序等，例如某些箱形结构的内部加强筋，如果焊接成型后无法观察到焊缝质量，则在封箱前必须增加检验工序。

第三，推荐的关键质量控制点：

① 重载件(如臂架)原材料材质和强度验证；

② 液压系统清洁度(油箱清洗、管件装配前防污染)；

③ 关键紧固件(如回转支承)拧紧力矩；

④ 行驶试验后的检查(如平衡系统的各铰接点)；

⑤ 角度、长度、极限位置等传感器；

⑥ 额载、动载、静载循环次数及检查；

⑦ 焊接微裂纹检测(如无损探伤)。

(3) 综合比较

从工业与信息化部发布的公告看，我国高空作业车厂家已有50家，这些厂家的研发能力、生产条件、质量管控、售后服务等方面差距很大，真正的专业厂家不多，大部分为多经产品、次要产品或替别的厂家改装。所以，货比三家比什么应特别注意区分。在此建议在购买前对厂家考察、产品选型、组织招投标时应重点关注厂家的内部能力：

① 比研发能力：这是专业厂家必备的条件，没有足够的研发能力，就谈不上专业化、高技术水平，就更谈不上有安全保证。通常代表研发能力的指标有研发人员数、专业结构、技术职称(如有多少高工、专家)、学历(如硕博士、本科)、研发经费占销售额的比例、技术成果获奖情况、获专利情况、研发基础设施(如设计开发软件、研发试验设备)、技术先进性证明、执行哪些技术标准等。

② 比试验检测能力：这是制造环节保证质量的硬件条件，没有这个条件，无论如何都谈不上质量保证。就高空作业车而言，比较重要的试验检测仪器设备条件一般包括专门

的试验场、无损探伤、超载试验安保设施、测速表、数据采集分析仪器、液压测试仪等。

③ 比质量体系运行：由于认证公司的滥行，质量体系认证证书已经不能代表一个企业质量体系真实的运行情况。因此，在考察企业质量体系运行情况时不能只看证书，应参照第三方审核的做法，到企业抽检其质量体系运行的记录，一般要重点关注专职质检人员素质、进货和制造过程及最终检验记录、关键过程和特殊过程控制记录、第三方审核后的不合格项是否依然存在等。

④ 比过去的持续业绩和客户特征：一是过去连续2～3年的增长情况，这是一个企业已经具备可持续发展能力的最重要的指标；二是市场占有率，这是企业综合竞争能力在市场上的具体体现；三是客户的持续购买情况，一般来说，质量安全没有保障的产品，客户不会再第二次购买，这是产品质量最好的证明；四是大型客户和有代表性客户的多少，比如电力行业企业管理非常规范并且大部分都以省级公司为单位集中采购，竞争力差的厂家极少中标或不可能中标。

⑤ 比服务：一方面，综合竞争力强的企业必有完善的营销服务(售前、售中和售后)体系；另一方面，无论产品质量多么好，用久了，都需要售后服务保障来支撑客户长期持久地正常使用，尤其是产品进入修理期后，更需要及时的服务保障。

⑥ 提出自己的个性化需求：高空作业车的使用受不同行业、不同地域和不同人员使用习惯影响，标准的高空作业车大都不能满足全部需要，综合实力强的制造厂则可根据用户不同的要求进行个性化设计。

(4) 特别推荐的注意事项

第一，不盲目看规模：切忌只看总收入，不看专业产品所占比例。

第二，不简单比价格：俗话说“好货不便宜”，工业产品即使规格相同，成本费用的差异也很大，强大的研发、严格的质量管控、及时周到的服务、先进可靠的配套件等都是要付出成本的。只有付出了这些成本，才能保证产品质量和性能，并解除购买的后顾之忧。

第三，不只看表面业绩：避免以点带面，即一个地区不能说明问题；避免以一概全，即一家不能说明问题；避免以近代远，即现在不能说明过去。

第四，吸取教训：关注行业已经发生的事故责任，既不能一概否定，也不能轻易相信，要考察改进措施和效果。

第五，防止虚假的作业曲线：有些产品在假定额定载荷减小后具有更大的作业幅度，在很小的作业幅度时具有更大的承载能力，因此在审查作业性能参数时务必要看基于多大载荷的作业幅度，或基于多大作业幅度的承载能力；有些作业范围大，但不是全方位的，比如不能在前方作业，或者即使能在前方作业，作业幅度和平台载荷必须减小，否则就是不安全的。这些均比较容易蒙骗购买者。

第六，注重功能配置：高空作业车的主要功能参数是最大作业高度、最大作业幅度和平台额定载荷，但是由于高空作业的特殊性，通常有大量的辅助功能为使用者提供更多的方便和安全保障，如电气动力接口、液压动力接口、起重、平台工具箱、绝缘斗、小型发电机、静音动力装置等辅助功能和接地装置，防止液压管路破裂而产生的失速、上下车操作的互锁、上下操作的超越控制、紧急切断动力及反向恢复、最大速度控制、极限位置限制、幅度限制、软退保护等安全功能。这些功能在考察和议价时必须充分考虑。

第七，推崇先进文明的社会理念：在发达国家，许多行业开始拒绝采购没有安全认证、环保认证、质量认证、有损职业健康和高能耗的产品，拒绝采购偷漏税企业、克扣员工薪酬企业、不完全缴纳员工保险企业的产品，对推动社会文明和进步、促进企业更多地尽到社会责任起到了非常重要的作用，值得我国各行业学习借鉴。

(5) 验收

按照标书与合同要求逐一检验验收。

2. 新车档案建立

新车在验收合格、投入使用之前，应建立完整的设备档案，为后续使用过程管理和监控提供必要的技术支持，设备档案应覆盖以下内容。

1) 编目造册：参照表 4-11

高空作业车管理台账记录表 **表 4-11**

序号	设备编号	设备型号	制造厂家	购买日期	投入使用日期	使用单位(部门)	使用和维护责任人	监督管理人
1								
2								
……								

2) 全部随车文件

一般将复印件交给操作工使用，而将原件存档备查，或采购时约定，要求制造厂提供两份随车文件。主要随车文件一般有：

(1) 整车使用说明书、装箱单、备件图册、合格证、易损件明细表、备品备件、VIN 码拓片等；

(2) 底盘使用说明书、装箱单、备件图册、合格证、易损件明细表、备品备件、VIN 码拓片等；

(3) 用户信息反馈卡；

(4) 机器出厂试验记录单；

(5) 合同约定的其他文件。

3) 标牌与标志登记

标牌与标志是对设备的补充描述、安全提示和使用指导，但随着时间推移，部分标牌、标志可能出现模糊不清或脱落现象，因此，新车使用前应进行详细的拍照、登记备案，主要有：

(1) 车辆铭牌；

(2) 操作指示牌；

(3) 安全性标志；

(4) 警告标志；

(5) CCC 标志；

(6) 极限位置指示标志；

(7) 操作禁令标志；

(8) 提示性文字。

4) 维修维护记录：参照表 4-12

高空作业车维修维护记录表　表 4-12

日期	故障或维护内容描述	故障排除、维修、维护方法、措施	故障排除、维修、维护人员	状态检验确认人员	备注

3. 运行维护与管理

用户应建立日运行与维护、定期报检制度，确保车辆处于可安全使用状态。详见第 4.4.4 节。

4. 例行检验试验

用户应建立例行检验试验制度，确保车辆可安全使用状态得到确认。详见第 4.4.2、4.4.3 节。

5. 监督检查

用户应建立使用过程的监督检查制度，确保车辆安全使用状态得到确认。详见第 4.4.2、4.4.3 节。

4.4.2 高空作业车作业现场安全管理

1. 高空作业车的使用要求

(1) 高空作业车新车投入使用前应由检测机构或委托机构进行全面检测，特别是带电作业用的绝缘臂式高空作业车的绝缘性能应经耐电压和泄漏电流检测，正常使用的，可由使用单位自行检测，检测合格后，方可使用。

(2) 车辆投入使用前，要制定相应的安全操作规程。

(3) 使用绝缘臂式高空作业车带电作业时，应严格执行绝缘臂式高空作业车作业的相关规定。

(4) 高空作业车作业时的气候条件必须严格按照高空作业车出厂说明书和国家或上级有关部门的相关要求执行。

(5) 高空作业车的工作位置应选择恰当，各支腿均应支撑稳固可靠，H 形支腿在水平或垂直支腿未伸出的状态下，禁止进行工作臂的起升、下降变幅或回转操作。

(6) 高空作业车在带电设备附近进行非带电作业时，车体各部分与带电体的最小安全距离不得小于《国家电网公司电力安全工作规程》的规定。

(7) 绝缘臂式高空作业车在作业中，严禁使用锉刀、金属尺和毛刺等带有金属物的工具。

(8) 高空作业车在高空作业中，发动机一般不应熄火，下部操作人员不得离开操作台。地面必须有后备人员，以便发动机、液压系统、电气系统等突然出现故障时，由地面人员启动应急泵，使高空中的作业人员安全返回地面。

(9) 高空作业车的作业平台或工作斗内不得存放任何与工作无关的物品，在运送人员、工具和设备时，不得超过额定载荷，车上不适合长时间存放施工材料等重物。

(10) 作业平台或斗、臂架不得用作诸如拔树等载荷未知的作业和推、拉等方式的作业。

(11) 严禁在雨天使用绝缘臂式高空作业车作业，绝缘臂式高空作业车应随车配备防雨罩。

(12) 如果绝缘臂式高空作业车的绝缘臂受到雨淋，应干燥后再使用，必要时作绝缘性能检测。

(13) 经过异常情况或遇有特殊情况后应按检验规定进行检验。

(14) 高空作业车的安全装置应齐全、有效，至少应保持达到国家或行业标准要求，凡缺少或失灵情况必须停止使用。

2. 高空作业车的检查要求

1) 整车行驶前的检查

(1) 应将各工作臂、平台、起重装置等完全收回到行驶状态，下臂应收放在臂支架上，并用固定器将臂固定、锁紧。

(2) 取力器处于分离状态。

(3) 车上及工作平台(斗)无杂物。

2) 作业前的检查

(1) 作业前，操作人员应进行外观检查，主要是观察各部件是否有异常的噪声及松动现象等异常情况；检查并确定带有绝缘性能的绝缘部件的绝缘试验是否在有效期内。

(2) 检查地表下面是否有孔洞或暗沟，车辆是否停放在坚实的地面上，高空作业车的支腿盘下方是否需要放置坚实的垫木、钢板等，并采取防倾覆措施。

(3) 冬季使用前，应清除积雪和采取防滑措施。

4.4.3 高空作业车的规范化管理与安全使用

1. 通用要求

(1) 分类管理：

为完善高空作业车的安全监督管理，应根据高空作业车的不同种类分为车载式普通高空作业车、车载式绝缘臂式高空作业车、自行式高空作业车、升降平台等几类，分别进行全过程监督管理。

(2) 管理依据：

依据中华人民共和国国家标准《高空作业车》GB 9465—2008、电力行业标准《带电作业用绝缘斗臂车的保养维护及在使用中的试验》DL/T 854—2004、《带电作业用工具库房》DL/T 974—2005 和《国家电网公司电力安全工作规程》“带电作业”中“高架绝缘斗臂车作业”的规定，明确安全监督部门、使用单位、检测单位和操作人员的安全职责，并对高空作业车的购置、使用、检查、操作、检测、维护和监督等进行规定。

(3) 适用范围：

应将所有高空作业车的使用、检查、操作、检测、维护、维修和监督纳入管理。

(4) 应安排一般性预算，提取专项资金，拿出专项经费，用于高空作业车的检修、检验、维护、维修和保养。

(5) 高空作业设备的管理应本着“谁使用，谁负责”的原则，使用单位(部门)即是高空作业设备的管理责任部门，其同级安监部门为其监督检查部门，其上级主管部门是监督管理部门。

(6) 应实行考核制度，按规定考核内容，实行奖罚。

2. 车辆的储存与保管

(1) 高空作业车一般均应存放于专用车库，并使车库处于良好的通风状态。如不具备条件而露天放置，应用防雨布遮盖。

对绝缘式高空作业车，贮存时还应使整车处于干燥状态，防止受潮，降低绝缘等级，并每隔不大于一个季度进行一次绝缘性能检测，确认安全后方可再使用。绝缘式高空作业车还应防止绝缘臂架受磕碰、落灰尘，以防止寄存污物而导电或放电，从而失去绝缘性能。

(2) 由于车辆为改装的专用作业类车辆，即使没有装载货物，整车也基本处于满载状态，因此存放时应将垂直支腿支撑于地面，以释放钢板弹簧和轮胎的负载，使钢板弹簧和轮胎处于卸荷状态，保持轮胎的圆度并提高使用寿命。

(3) 经常擦去机体的灰尘和油垢，保持机体清洁。

(4) 将轮胎充至规定气压，用木块垫起，轮胎离地，并将工作臂的油缸活塞杆全部缩回至接近行驶状态的位置(缩回后工作臂不能放置于臂支架上，应用木块支撑)。

(5) 长期不用时，应将电瓶取下，存放于干燥通风处，并定期检查及充电。

(6) 每月空载运转各机构，观察是否正常。

(7) 做好检查记录。

3. 安全监督管理职责

1) 高空作业车使用单位上级主管部门的职责

(1) 负责监督、指导和考核所属各单位(部门)高空作业车的安全使用和管理状态。

(2) 负责组织高空作业设备操作人员的行业安全技术培训、发证、复审等工作。

(3) 负责下达高空作业设备的行业检验计划。

(4) 负责监督高空作业车安全隐患的监督整改落实。

(5) 负责组织本系统高空作业车的专项检查。

(6) 负责对违反规定的行为进行处罚。

2) 高空作业车使用单位安全监督部门的管理职责

(1) 负责本企业(部门)高空作业设备的使用、检查、操作、检测、维护等过程的监督检查和考核。

(2) 负责制定本企业(部门)高空作业车的安全管理制度或细则。

(3) 负责督促本企业(部门)高空作业车库房按规定进行配置或整改。

(4) 参与本企业(部门)制订高空作业车的事故应急救援预案，组织应急救援预案的演练。

(5) 负责建立本企业(部门)高空作业车的技术资料和检测台账。

(6) 负责督促本企业高空作业设备操作人员定期参加业务培训、考试和换证。

(7) 负责组织、督促本企业(部门)高空作业车汽车驾驶员、操作员定期参加地方安全生产监督管理部门组织的特种作业人员培训、考试和换证。

(8) 负责本企业(部门)高空作业车操作人员的业务考核，并定期公布允许操作高空作业设备的人员名单。

(9) 纠正违反高空作业车安全操作规程的行为，对违章单位和人员进行处罚。

(10) 负责督促本企业(部门)对高空作业车进行定期检验、试验和专项检查，对隐患及不合格项目下达“隐患整改通知单”，通知使用单位(部门)暂停使用；督促使用单位(部门)对隐患及不合格项目进行整改；将整改情况用“隐患整改回执单”通知检测单位，并请其进行复验，合格后向使用单位(部门)下达“继续使用通知单”。

(11) 向上级安监部门每半年汇总上报一次高空作业车的试验情况；每年汇总上报一次高空作业车的检验情况及缺陷处理和使用情况，遇有异常或险情应及时上报上级主管部门。

3) 高空作业车使用单位(部门)职责

(1) 谁使用、谁负责，使用单位(部门)负责高空作业车的具体安全管理，负责高空作业车的日常使用维护、保养、检查和管理。

(2) 负责建立高空作业车的原始和使用过程技术档案及检查、检修和隐患处理记录，并记录完整。包括但不限于：

记录高空作业设备档案的全部内容(含汽车底盘部分)。

记录主要性能参数及构造说明，各机构和各系统的原理图及相应的说明。

记录出厂日期、购买日期、使用开始日期、额定工作要求及应使用年限。

记录操作使用说明手册，维护与保养说明或规定。

记录根据操作说明和本单位生产实际编制的本车操作规定。

记录设备常规使用、维修保养、检查、定期检测、试验情况。

记录大修改造及事故异常等情况。

(3) 负责组织开展经常性的高空作业车专项安全自检查，发现隐患立即处理，暂时不能处理的隐患应及时上报本企业安监部门并采取立即停止使用的措施。

(4) 负责保证高空作业车的安全标志标牌完整，及时补充丢失或损坏的安全标示牌。

(5) 定期组织开展本企业高空作业车操作人员的安全操作演练，并就维修保养等方面开展培训交流。

(6) 负责监督高空作业设备操作人员严格执行安全规章制度，并检查执行情况。纠正一切违反安全操作规程的行为，对违章人员和班组进行处罚。

(7) 负责制定高空作业设备的事故应急救援预案，开展应急救援预案的演练。

(8) 负责高空作业车的库房管理，按规定对库房进行配置或整改。

(9) 每台高空作业车均应明确指定驾驶人员、操作人员和日常管理人员等专项负责人。

4) 高空作业车检测单位的职责

有条件的使用单位，应建立健全高空作业车的检测试验机构，配备相应的基础设施和人员，并赋予其如下职责(委外时，应以协议约定)：

(1) 高空作业车检测机构应具备相应资质。

(2) 检测机构应建立健全高空作业车的检验、试验、检测制度和检测档案，规范检测程序。

(3) 负责编制所属企业高空作业车的定期检测计划，做到检测率达100%。

(4) 负责按检测周期通知使用单位(部门)进行检测，对不按期进行检测的使用单位予以通报车辆使用单位的主管部门。

(5) 负责将检测结果反馈至使用单位及其安监部门，检测中发现存在任何问题，要立即通知使用单位的安监部门。

(6) 负责对接收到的“高空作业车隐患整改回执单”安排时间进行复检，检验合格的及时下达复检合格通知单。

(7) 严肃检测纪律，保证检测和检测报告准确无误，并执行“谁出报告、谁负责”的原则，对因检测质量不良发生的事故负责。

5) 高空作业车操作人员职责

(1) 高空作业车操作人员(以下略)必须定期参加本单位和上级主管部门组织的业务培训和地方安全生产监督管理局组织的特种作业人员培训、考试，并取得操作资格证，其中汽车驾驶员必须持有地方车管部门核准的有效的驾驶执照。

(2) 高空作业车汽车驾驶员应熟练掌握配套汽车底盘的使用维护方法、汽车驾驶技术和安全操作规程。

(3) 应熟悉所用车辆的使用性能和有关安全工作规程的有关规定，并熟练地掌握安全操作规程。

(4) 负责每次作业前和使用后对高空作业车进行检查，做好日常维护和保养工作，并做好检查记录。

(5) 负责按照“月自检表”要求进行检查，做好每次的检查记录。

(6) 发现的隐患要及时处理，不能处理的，应及时向本单位领导进行汇报。

4. 高空作业车操作要求

1) 作业前，应在工作指令中注明高空作业时的危险点及防范措施，操作人员应签字确认。

2) 操作人员必须服从工作负责人的指挥，作业时应注意观察周围环境，控制操作速度。

3) 使用绝缘臂式高空作业车带电作业时，操作人员应穿戴符合带电作业设备电压等级要求的绝缘鞋和绝缘工作服，并戴好绝缘手套、安全帽和护目镜，站在干燥的绝缘斗内进行作业。

4) 工作斗内操作人员应正确使用安全带和绝缘工具。

5) 绝缘臂式高空作业车的绝缘部件表面即使沾染了较小的污垢，也应用不起毛的布擦拭干净。

6) 作业人员在登入作业平台或工作斗后，位于地面上的操作(监护)人员不得离开操作台，不得做与操作无关的事，应集中精力进行操作或监护操作。

7) 作业前，应在预定的工作位置空载试操作一次，确认液压传动、回转、变幅、升降、伸缩等系统工作正常，操作灵活可靠，工作位置适当。

8) 高空作业前应鸣笛警示，操作中接近人时应停车并鸣笛，无误后再操作。

9) 在操作中，地面操作人员必须戴安全帽，并监护作业平台或工作斗上的操作人员工作，随时与作业平台或工作斗内的操作人员保持联系。

10) 操作时，应平稳扳动手柄，避免突然启动和停止，调速时应缓慢地加速或减速，换向时手柄应先回至中位再换向。禁止急剧换向，避免造成冲击。

11) 操作人员的操作必须平稳，禁止突然大幅度地操作工作臂。

12) 禁止进行以下操作：

(1) 违反安全操作规定操作或带故障作业。

(2) 在伸水平支腿未完全伸出的情况下，伸垂直支腿，或在垂直支腿未完全收回的情况下，收水平支腿。

(3) 未完全伸出水平支腿进行高空作业。

(4) 作业平台或工作斗内的工作人员不系安全带作业。

(5) 作业平台或工作斗底、工作斗前部与建筑物等发生碰撞。

(6) 使用不具备绝缘性能的高空作业车进行直接或间接带电作业。

(7) 使用不具备起重功能的高空作业车进行起重作业；在有高空作业时进行起重作业；起重作业时横向拖拽重物；超出起重曲线起重作业；拔树等载荷不确定的起重作业。

(8) 严禁使用绝缘臂式高空作业车进行砍伐树木等容易碰伤绝缘部分的作业。

(9) 在工作臂未收缩到安放位置，或支腿未收缩到安全位置时行驶车辆。

(10) 取力器在未脱离变速箱的状态下行驶车辆。

(11) 雨雪天气作业后，在收回工作臂前，未清除工作臂、托架等处的限位开关处的积雪，即收回工作臂。

5. 高空作业车的检测要求

1) 应指定专门的检测机构对高空作业车进行定期和不定期检测，必要时应进行试验以下情况均需检测：

(1) 新购置的高空作业车；

(2) 机械部分经过大修；

(3) 安全装置经过修理；

(4) 绝缘部分经过修理；

(5) 闲置3个月以上再启用；

(6) 高空作业车受到其他可能影响安全性的损坏。

2) 定期检测要求

(1) 高空作业车机械部分每年均应进行一次检测，液压和电气部分每半年检测一次，绝缘部分每一个季度检测一次；

(2) 设备的使用单位(部门)，每月进行一次定期的自行检查；

(3) 所有检查、检测均应定期进行，并将检查检验结果记录在专用的记录簿中。

6. 监督与考核

1) 监督检查

(1) 上级安监部门对高空作业的管理每年组织不少于一次专项监督检查，同时下发检查情况通报并限期整改到位。

(2) 安监部门对本单位高空作业车的管理、维护和使用情况每季度应至少进行一次监督检查，做好检查记录，同时下发检查情况通报并限期整改到位。

(3) 使用单位(部门)对高空作业车的状况，每月至少进行一次检查，并做好检查记录。

(4) 作业班组在作业前和使用后对高空作业车进行一次检查，并做好检查记录。

(5) 各级专项检查，对检查出的安全隐患整改必须做到“五落实”：责任落实、措施落实、安全状态落实、资金落实、期限落实。

2）考核

高空作业车的使用管理部门和安监部门应对使用部门及其操作人员进行定期考核（根据本单位实际，可分为月度、季度、年度考核）。

考核内容：

(1) 专款专用；

(2) 按规定使用、检查、操作等；

(3) 按规定进行设备维护与保养；

(4) 绝缘臂式高空作业车专用库房符合标准要求；

(5) 绝缘臂式高空作业车有无用于砍树、油漆等其他作业；

(6) 是否定期进行机械、电气、液压和绝缘性能等检测；

(7) 高空作业车操作人员(包括驾驶员及作业人员)是否获得按规定颁发的资格证、上岗证；

(8) 是否建立健全高空作业车的原始技术档案和检修档案；

(9) 是否完成设备隐患整改。

4.4.4 高空作业车保养规程与保养要求

1. 高空作业车的存放

1）应存放在通风、干燥的专用库房内。

2）连续停放3天及以上时，应将支腿支起。

3）长期停用的车辆，应将燃油和水放尽，停放在通风、防潮、防晒及有消防设施的场所，切断总电源、电瓶线路等电路，锁上驾驶室，并用支腿或支架将整车支稳，轮胎处于半离地状态。

4）绝缘臂式高空作业车的存放：

(1) 绝缘臂式高空作业车在正常使用后，应停放在专门的停车库房，库房应铺设有地板，以及烘干、除湿等设施；

(2) 当停放在有热源的建筑物或汽车库房内时，必须采取隔热措施。

2. 高空作业车标志的管理

高空作业车的标志应始终处于清晰可见状态，如出现模糊不清或脱落现象，应立即进行更换，主要有：

(1) 所有标牌、操作说明和图标，并印刷清楚、永久固定、显而易见。

(2) 铭牌必须有：制造厂名、产品的名称及编号、试验日期、平台额定载荷、作业高度、范围、整车质量、行驶状态时的外形尺寸、出厂年月等内容。带有绝缘性能的高空作业车还应有绝缘额定电压等级。

(3) 应有操作标记，以表示每一操作的功能。

(4) 应有装配总成润滑一览表，表明润滑点和润滑周期。

(5) 应有清晰的操作标志和指示标志。

3. 高空作业车的维护

高空作业车的使用单位应全面做好维护管理工作，并指定专人负责。

(1) 高空作业车长期停放的(一个月以上的)，在使用前应按使用说明书进行检查、维护和保养；

(2) 每次作业后，应及时检查车辆的使用情况，对绝缘臂式高空作业车的绝缘臂还应于每次作业前后各清洁一次，并套上防护罩；

(3) 严禁擅自使用与原零部件性能和材料不同的零配件，确保维修更换的零部件与原零部件性能和材料相同；

(4) 高空作业车处于工作状态时不得进行维修及保养，维修与保养时必须使车辆恢复到行驶状态时，由于条件限制不能恢复到行驶状态时，应有可靠措施；

(5) 车辆维修及保养应严格按照产品使用说明书的规定进行。

表4-13～表4-19为高空作业车维护与保养记录参考表。

高空作业车季度润滑作业一览表 **表4-13**

____年____ 季度润滑作业表
设备编号： 责任人：

序号	润滑点部位	润滑周期	润滑方法	润滑油种类	单次费用	年费用	备注
1	吊钩滑轮						
2	伸缩臂头滑轮总成						
3	上下臂销轴						
4	上臂油缸与上臂销轴						
5	上臂油缸与下臂销轴						
6	伸缩油缸与下臂销轴						
7	平衡系统连接处(16处)						
8	下臂与变幅油缸销轴						
9	转台与变幅油缸销轴						
10	下臂内钢丝绳辊轮						
11	转台与下臂销轴						
12	上臂与工作平台销轴						
13	支腿摩擦面(4处)						
14	支腿支脚(4处)						
15	卷扬减速机						
16	回转支承大小齿轮						
17	回转支承辊道						
18	回转减速机						
19	液压油箱						

高空作业车月度一级保养记录表 **表4-14**

一级维护____年____月度保养记录表
设备编号： 责任人：

序号	检查项目	作业要求	保养周期	单次保养费用	年保养费用	备注
1	手动泵工作情况	手动泵可以正常工作				
2	检查液压管路、接头	管路、接头没有损坏，无漏油现象				

续表

序号	检查项目	作业要求	保养周期	单次保养费用	年保养费用	备注
3	检查操作标牌	更换、修复损坏的标牌				
4	检查钢丝绳	去除油污，润滑油蘸浸钢丝绳，无断丝				
5	检查整车涂装	检查油漆面挂划痕，必要时修理漆面				
6	检查绝缘臂和绝缘工作斗	上下臂绝缘段和工作斗有无裂缝、划痕、油污、灰尘、油漆脱落、疲劳等迹象，绝缘段与钢粘接的结合点是否松动，各连接件有无松动				
7	检查工作斗	安装板、底部、上部周围法兰处有否裂缝				
8	润滑	按润滑表进行				
9	保养的全部内容					

高空作业车半年二级维护保养记录表 **表 4-15**

二级维护(每六个月或500工作小时)保养记录表
设备编号： 责任人：

序号	检查项目	作业要求	保养周期	单次保养费用	年保养费用	备注
1	臂支架行程开关	检查紧固件、接点、运动情况是否良好				
2	转台处行程开关					
3	平台处行程开关					
4	检查控制装置	检查开关、接触、运动、工作平稳性				
5	检查回转减速机	噪声、润滑油量、温升				
6	检查卷扬减速机	噪声、润滑油量、温升				
7	绝缘预防性试验	按《带电作业用绝缘斗臂车的保养维护及在使用中的试验》DL/T 854—2004				
8	一级维护的全部内容					

高空作业车每年三级维护保养记录表 **表 4-16**

三级维护(每12个月或1000工作小时)保养记录表
设备编号： 责任人：

序号	检查项目	作业要求	维护周期	单次维护费用	年维护费用	备注
1	转台控制箱	液压元器件无漏油，电线连接牢固、无破损，箱内干燥				
2	整车电缆	无破损，连接牢固，无运动干涉				
3	油泵、取力器	连接牢固，无漏油				
4	液压油滤油器	更换吸油、高压滤油器				

续表

序号	检查项目	作业要求	维护周期	单次维护费用	年维护费用	备注
5	油缸	缸杆无损伤，接头无漏油，铰接处运动良好				
6	工作平台	连接紧固件，焊缝				
7	副车架	支腿箱、主副车架连接处焊缝				
8	清洗液压油箱更换液压油	将旧油全部排出				
9	更换回转减速机润滑油	清洗后加入 90 号工业齿轮油				
10	更换卷扬减速机润滑油	清洗后加入 91 号工业齿轮油				
11	钢结构焊缝、零件磨损	臂、转台焊缝，运动件完好				
12	二级保养的全部内容					
13	底盘年审					

高空作业车定期保养作业项目表 **表 4-17**

类别	保养里程实施项目	日保养	月保养	6 个月（500 小时）保养	年（1000 小时）保养	单次费用	年费用	备注
操作系统	检查平台的控制装置							
	检查下部保护装置及其附件							
	检查可看见的和可听见的设备							
	检查遗漏的或不牢固的部件和防护装置							
	检查警告、操作或指导标志							
绝缘系统	检查玻璃钢纤维部件的清洁度和干燥度							
	检查绝缘部件表面是否有划伤、裂缝、绝缘脱落							
	检查调平系统（链条和绝缘装置）							
	检查内外斗是否有油污或损坏外斗的物体							
液压系统	检查液压油箱里的油面高度							
	检查液压系统是否泄漏							
	检查外露油缸是否有漏油							
结构件	检查轴向卡环有无脱落							
	检查轴向限位防松螺母是否松动							
	检查有裂纹和持久变形的结构件							
	检查旋转障碍物							

续表

类别	保养里程实施项目	日保养	月保养	6个月(500小时)保养	年(1000小时)保养	单次费用	年费用	备注
电气系统	检查所有的紧固按钮							
	检查所有可见的电气线路							
	测试所有臂的操作							
	含以上保养内容							
液压系统	更换回油过滤器							
	检测调平系统的张紧，检查链条							
	检查所有的链轮齿、链轮和销轴							
润滑系统	清洗链条、加润滑油							
	按照润滑图表的标准给油嘴注润滑油							
	给回转减速机小齿轮和回转支撑的轴承上注油							
液压系统	含以上保养内容							
	检查暴露的软管							
	清洗液压油箱的通气管							
	检查旋转轴承螺栓，转盘轴承和轴承的松紧							
液压系统	含以上保养内容							
润滑系统	检查取力器以及到泵部分的润滑							
	检测液压油							
	检查所有的液压压力							
结构件	检测焊缝							
绝缘部分	测试绝缘体							
安全平衡	检测调平系统							
安全检修	含以上保养内容							
	整车安全检修							
安全检测	重新调整调平链条和调平杆							
发动机	清洁发动机总成							
	更换发动机润滑油							
	检查皮带张紧装置							
	检查喷油泵							
	检查空气压缩机							
	检查进气管							
	检查风扇轮毂							
	检查皮带							
	检查顶置机构气门间隙							
	检查冷却液的泄漏现象							

续表

类别	保养里程实施项目	日保养	月保养	6个月（500小时）保养	年(1000小时)保养	单次费用	年费用	备注
发动机	检查发动机是否漏油							
	检查润滑油的清洁度和剩余量							
	检查燃油是否泄漏							
	检查加速和减速性能及排气状况							
	更换机油滤清器							
	检查空气滤清器阻力							
	更换燃油滤清器							
	更换燃油预滤器							
	更换空气滤清器滤芯							
	紧固气缸盖和各类螺栓							
	检查散热器是否工作正常							
	检查节温器的功能							
	检查防冻剂							
	检查风扇轴及螺栓							
	检查空气压缩机锁紧螺栓、螺母和制动系统是否泄漏							
离合器	检查离合器工作状况是否正常							
	检查离合器踏板自由行程							
	检查离合器液压系统是否漏油							
	检查离合器储油罐液压油油量							
	更换离合器液压油							
变速器	检查变速器是否漏油							
	清洁变速器及通气塞，检查油面							
	检查操纵机构是否失灵或损坏							
	检查变速器各轴承的工作状况							
	更换变速器润滑油							
悬挂系统	检查钢板弹簧U形螺栓的紧固情况							
	检查钢板弹簧是否有损伤							
	清洁前后钢板弹簧及减振器							
	满载时紧固钢板弹簧U形螺栓							
	检查减振器的损坏及松旷情况							
	检查减振器是否失效							
	检查弹簧卡箍有无松动和变形							
	检查左右板弹簧弯曲及限位装置							
制动系统	检查制动踏板自由行程							
	检查行车及驻车制动效能							

续表

类别	保养里程实施项目	日保养	月保养	6个月(500小时)保养	年(1000小时)保养	单次费用	年费用	备注
制动系统	检查空气管路、各阀是否漏气							
	检查制动间隙							
	检查储气筒内积水							
	检查制动底板的紧固情况							
	检查空气压缩机锁紧螺栓、螺母							
	检查自动调整臂反向调整力矩							
	检查制动蹄摩擦片的磨损情况							
	检查制动鼓的磨损情况							
	检查空气压缩机的工作状况							
	检查空气干燥器的工作状况							
	检查和保养各阀总成							
转向系统	检查转向器是否漏油							
	检查方向盘的自由行程和工作状况							
	检查各部件的连接、紧固情况							
	检查转向横直拉杆及各球头紧固							
	检查转向机构和支架等的紧固情况							
	检查转向器是否缺油							
	检查转向节臂及垂臂的紧固情况							
	检查调整前轮前束							
	更换液压油和油罐滤芯							
	检查转向器内部泄漏和齿轮间隙							
	检查前轮定位情况							
	检查调整转向器							
	检查液压油泵是否正常工作							
传动轴	检查传动轴各连接部位是否松旷							
	检查传动轴十字轴轴承是否松旷							
	检查传动轴有无偏移							
	检查传动轴花键是否过度磨损							
车桥及车轮	检查前、后桥及车轮总成情况							
	检查、增加后桥润滑油							
	检查半轴螺栓和车轮螺母							
	检查轮胎气压							
	检查轮胎是否异常磨损							
	检查轮辋总成是否损伤和变形							
	检查、调整轮毂轴承间隙和润滑							

续表

类别	保养里程实施项目	日保养	月保养	6个月(500小时)保养	年(1000小时)保养	单次费用	年费用	备注
车桥及车轮	轮胎换位							
	更换后桥主减速机润滑油							
	检查后桥主减速器及轴承							
电气系统	检查发电机效能							
	检查蓄电池电解液量							
	检查电气线路连接部件情况							
	检查各灯、继电器的工作情况							
	检查蓄电池							
其他	检查车架铆钉是否松动							
	检查侧翻锁定装置效能							
	检查驾驶室连接各处是否松动							
	检查液压系统的泄漏及密封情况							
	清洗贮油箱滤清器的滤网							
	检查调整车厢栓杆							
	检查车厢纵、横梁和连接件							
	检查车厢栓杆的磨损，必要时更换							
加注润滑脂	车门折页							
	转向横直拉杆球销							
	转向节主销							
	转向传动轴滑动叉及十字轴轴承							
	前后钢板弹簧吊耳销及支架销							
	传动轴中间支承							
	传动轴滑动叉及十字轴轴承							
	离合器分离轴承							
	前后制动器调整臂							
	翻转轴							
	车厢后板转轴							
	车轮轮毂轴承							
	驾驶室翻转锁止机构							
	驾驶室翻转扭杆臂支承点							
	车门铰链							
	水泵轴承							
	发电机轴承							
	启动机轴承							
	车门锁、摇窗机构、里程表软轴							

高空作业车常用易损件的更换标准　　表 4-18

序号	系统	零部件名称	更换周期	更换标准	单次费用	年费用	备注
1	底盘部分	动力转向液压系统橡胶软管	每 1 年	更换新件			
2		制动系统各阀类橡胶件	每 1 年	更换新件			
3		制动系统各橡胶软管	每 1 年	更换新件			
4		制动气室皮碗及密封圈	每 1 年	更换新件			
5		空气压缩机用橡胶软管	每 1 年	更换新件			
6		离合器操纵系统橡胶软管	每 2 年	更换新件			
7		离合器总泵的橡胶密封圈	每 2 年	更换新件			
8		燃油软管	每 2 年	更换新件			
9	发动机	更换发动机润滑油	2 个月/50000km	更换新油			
10		更换机油滤清器	4 个月/20000km	更换新件			
11		更换燃油滤清器	4 个月/20000km	更换新件			
12		更换燃油预滤器	4 个月/20000km	更换新件			
13		更换空气滤清器滤芯	4 个月/20000km	更换新件			
14		更换防冻液	每 1 年	更换新液			
15	离合器	更换离合器液压油	每 1 年	更换新油			
16	变速器	更换变速器润滑油	每 6 个月	更换新油			
17	车桥及车轮	更换后桥主减速机润滑油	每 6 个月	更换新油			
18	转向系统	更换液压油和油罐滤芯	每 6 个月	更换新件			
19	液压系统	液压油	每 6 个月	更换新油			
20		回油滤清器滤芯	每 2 个月	更换新件			
21		液压系统大保险	据日常检查	更换新件			
22		液压系统小保险	据日常检查	更换新件			
23		进油滤芯	每 2 个月	更换新件			
24		加油滤清器	每 6 个月	更换新件			
25		回油滤清器	每 6 个月	更换新件			
26		油管组合垫	每 2 年	更换新件			
27		油管“O”形圈	每 2 年	更换新件			
28		高压胶管	据日常检查	更换新件			
29		水平缸树脂管	据日常检查	更换新件			
30	卷扬系统	卷扬钢丝绳	一股中断 10%	更换新件			
31		伸缩钢丝绳	直径减小超过名义值 70%	更换新件			
32	润滑系统	直油嘴	据日常检查结果	更换新件			
33		整车打黄油	每 3 个月	更换新油			
34		更换齿轮油	每 6 个月	更换新油			
35	电气系统	急停开关	据日常检查结果	更换新油			
36		腿灯螺旋线	据日常检查结果	更换新件			

续表

序号	系统	零部件名称	更换周期	更换标准	单次费用	年费用	备注
37	电气系统	转动开关	据日常检查结果	更换新件			
38		压力表	据日常检查结果	更换新件			
39		腿灯(单闪灯)	据日常检查结果	更换新件			
40		按钮开关	据日常检查结果	更换新件			
41		防水开关	据日常检查结果	更换新件			
42		继电器	据日常检查结果	更换新件			
43		工作灯	据日常检查结果	更换新件			
44	臂架连接件	轴用弹性挡圈	据日常检查结果	更换新件			
45		轴	依据大修检测结果超过配合间隙	更换新件			
46		轴套	决定是否更换	更换新件			

高空作业车定期检测项目表 **表 4-19**

高空作业车定期检测项目表						
车辆名称	检测项目名称	检测周期	执行标准	检测地点	检测机构	备注
高空作业车	机动车年检	按照机动车法规		车辆管理部门	车辆管理部门	
	作业性能试验	新购；每一年一次			质量监督局特种设备检测科	
	作业性能试验	整车大修后	《高空作业车》GB 9465—2008	维修企业	维修企业	
绝缘臂式高空作业车	绝缘预防性试验	每间隔 6 个月	《带电作业用绝缘斗臂车的保养维护及在使用中的试验》DL/T 854—2004	公司带电作业中心	公司带电作业中心	
		重新启用前				
	作业性能试验	新购；每一年一次			质量监督局特种设备检测科	
	机动车年检	按照机动车法规		车辆管理部门	车辆管理部门	
	作业性能试验	整车大修后		维修中心	维修中心	

4.5 高空作业车典型事故案例分析

4.5.1 支腿没伸展到位造成的伤亡事故

1. 事故简介

南方某路灯处使用高空作业车，在夜间检修当地某广场路灯，操作人员在支腿没有完全伸出的情况下，登高进入作业平台作业，在转台回转后当即发生车辆倾翻，作业人员从半空中坠落而死亡。

2. 事故原因分析

该事故完全是人为原因造成，经查明原因主要有：

（1）酒后操作，严重违章。据了解，该操作人员在发生事故的当晚刚刚吃过晚饭并有饮酒。

（2）支腿没有伸出到位，四个支腿只伸出三个。

（3）该车装有支腿软腿报警装置，发生事故后确认该报警装置仍然有效，说明操作者要么是喝酒的原因、要么是太过粗心大意，漠视了报警装置的警告，导致在不该作业的状态下作业而发生安全事故。

（4）该车还有一个虽不是本次倾翻的原因，但也是严重的安全隐患之一：完成支腿操作后，操作手柄没有处于中位，一旦油缸液压锁失效，支腿将快速回缩，也将导致倾翻事故。

3. 应吸取的教训

（1）严禁酒后作业。

（2）严格按照操作规程，一步一步操作，决不可粗心大意，更不可省去某些步骤。

（3）在进入高空作业平台工作之前，一定要严格检查车辆所有支腿是否全部伸出，确认所有支腿全部伸出并支撑稳定后方可进入作业平台实施高空作业，即使安全装置正常工作也必须检查确认。

（4）在完成支腿操作后，支腿操作手柄务必回到中位。一般高空作业车支腿多路阀中位机能均为O形，即处于中位时，液压油只有阀本身会有微量内泄漏，这样即使垂直支腿液压锁失效，支腿也不会快速回缩，车辆仍能长时间保持安全状态(但一旦存在这种现象，也必须停止使用，待修复后方可继续使用)。

（5）作业人员在高空作业时，地面上务必安排另外的至少一人观察车辆支撑状态的变化情况，随时采取可能的应急措施，以防患于未然。

（6）密切关注车辆安全系统是否出现报警警告，出现报警时应立即停止高空作业并采取有效措施，排除故障并撤销报警后方可再行高空作业。

4.5.2 使用前不检查导致的平台坠落事故

1. 事故简介

东北某园林局使用20m高空作业车进行高空作业时，作业平台坠落。

2. 事故原因分析

（1）作业人员没有按照操作规程要求，在每次作业前检查各机械部件连接情况，导致平台坠落。经查明，该起事故车的状态为：平台与臂架末端的连接销轴产生轴向窜动，销轴由正常的双支撑突然变为单支撑，进而使平台坠落。

（2）由原因1上溯，可以发现该车设计上存在重大安全隐患，即销轴的轴向固定可靠性不能满足长期使用要求，按正常情况，即使车辆报废，该销轴也不应该有如此大的轴向窜动。

（3）由原因1和2上溯，该销轴即使设计上是安全可靠的，如果制造上存在缺陷，也将导致其连接不可靠。

3. 应吸取的教训

（1）高空作业车在使用前务必进行全面检查。本案例，实际上，如果作业人员细心，即使目测检查也能发现该隐患，而不致发生如此大的悲剧。

（2）务必每次使用前检查。该销轴不可能一次使用就有如此大的轴向窜动，因此说明该作业车已经多次使用而没有观察或没有观察到该销轴的连接情况，所谓“从量变到质变”，如果不能及时发现隐患，即使本次使用不发生事故，事故的发生也是迟早的事。

(3) 不能贪图便宜。据了解，该高空作业车在采购时比其他可比的高空作业车价格低约1/3。俗话说“一分钱、一分货”，高空作业车是集机电液为一体的高技术产品，配套件昂贵，又直接涉及作业人员安全，因此在价格上会明显高于一般的工程专用车辆，不能盲目攀比价格而选择价格低的产品。

(4) 严格考察制造厂的质量保证能力。该事故的发生，在很大程度上属于制造厂产品质量上存在严重的安全隐患。因此，用户在采购选型时应切实从设计、制造过程和售后服务等各环节审查制造厂的质量保证能力，所谓“一步错、步步错”，务必做好第一步工作，选择到安全可靠的产品。

4.5.3 不按要求擅自修理造成的平台坠落事故

1. 事故简介

四川某企业使用20m高空作业车检修厂区道路路灯，在平台起升到约5m高时，因平衡拉杆断裂，作业平台失去水平，作业人员从作业平台中跌落，导致腰部扭伤。

2. 事故原因分析

直观原因是作业平台机械调平拉杆断裂，导致作业平台失去水平，将作业人员倒出而跌落，后经调查确认是：在以往的使用过程中，调平拉杆碰到障碍物被损坏后，客户自行仿造了一个新的调平拉杆并自行装机使用，其材料强度等级低于设计要求，且焊缝单薄，不能满足强度要求，导致拉杆断裂。

3. 应吸取的教训

高空作业车各制造厂家一般均要求“不得擅自使用与原零部件性能和材料不同的零配件，确保维修更换的零部件的机械性能不低于制造厂原零部件的机械性能”。该事故完全是使用者擅自更换不符合安全要求的零部件造成的，虽未造成严重的人身伤亡事故，但教训足以引以为戒。

应切记：

(1) 无论什么原因，当需要更换零部件时，应首先与制造厂联系，获得售后服务支持，更换正规厂家生产的零部件，退一步讲，即使质量有些问题，也会由厂家承担责任。

(2) 既不可擅自更换零部件，也不可擅自自制零部件。

(3) 机械零部件材料即使看上去一样，其强度等级也有可能相差数倍，因此，在需要时，即使条件或时机不具备，必须自制零部件，也要联系到制造厂，按照制造厂的图纸制造，至少机械零部件的受力截面和材料的强度等级不能低于原设计要求。

4.5.4 使用前不检查导致的触电事故

1. 事故简介

某企业使用绝缘臂式高空作业车，作业人员带电后，绝缘臂出现“爬电”现象，因电流过大，作业人员手臂被烧伤。

2. 事故原因分析

(1) 绝缘臂表面积存灰尘太多或绝缘臂潮湿均是发生该事故的直接原因。

(2) 作业人员疏于清理绝缘臂表面污物。

(3) 没有对绝缘臂式高空作业车进行绝缘性能检测即带电作业。

3. 应吸取的教训

(1) 绝缘臂式高空作业车的作业场所基本都是在室外甚至是野外，受到灰尘污染或受潮是很正常的现象，使用者一定要及时采取不伤害绝缘臂表面光滑度(如不起毛的皮质抹布)的措施，清洁绝缘臂表面，消除积存的灰尘；同时，尽可能保持绝缘臂处于干燥状态，受潮或被雨淋，应严禁使用，必须采取干燥措施，并经检测确认绝缘性能满足要求后方可再次使用。

(2) 应通过定期和不定期检测，保证绝缘臂的绝缘性能得到合格确认后方可投入使用，一般每个季度不能少于一次绝缘性能检测，每次雨淋后必须采取干燥措施并检测确认绝缘性能满足要求后方可再次投入使用。

(3) 加强对作业车和作业人员的监督检查和管理，确保作业车处于可使用状态，确保作业人员对车辆勤于维护，使车辆处于可使用状态。

(4) 未经安全性确认的高空作业车，禁止擅自使用。

(5) 严禁在雨雪和大雾天气使用绝缘式高空作业车。

4.5.5 违章使用并严重超载导致的吊篮坠落事故

1. 事故简介

某水利建筑施工公司使用20m高空作业车，在水坝上面用平台托起泥浆管道，用以输送从河床泵送来的泥浆，导致平台超载，整车倾翻，由于平台上没有载人，且施工现场地面松软，没有造成人身伤亡事故，只有车辆臂架被压弯，后经修复恢复使用。

2. 事故原因分析

该起事故的发生，其直接原因是违章使用高空作业车，导致因平台超载而倾翻。

3. 应吸取的教训

(1) 不得改变高空作业车的用途。

(2) 高空作业车平台载荷一般只有200～300kg，而且仅限承载不超过两名作业人员及其携带的工机器具和原辅材料的总重量，即使确实必须改变用途，也务必要确认平台的等效载荷可预知，并不会超过平台的额定载荷。

(3) 虽然本事故并未造成人员伤亡，但也要注意：高空作业车作业时，确保臂架下甚至整车倾翻可能达到的范围内严禁站人，即使行人也应立即劝离，不得久留。

4.5.6 违章使用导致的臂架折断事故(一)

1. 事故简介

某路灯处使用带有附加起重功能的高空作业车拔树，导致臂架折弯，直接经济损失近万元。

2. 事故原因分析

该起事故的原因比较简单：拔树需要的力不可预知，很容易产生起重超载，进而导致臂架折弯。

3. 应吸取的教训

(1) 不得改变高空作业车的用途。高空作业车附加起重功能只能用于吊重作业，且起吊前应确认被起吊载荷不超过起重曲线范围。

(2) 使用高空作业车附加起重功能实施起重作业时，严禁用吊钩横向拖拉重物。

4.5.7 违章使用导致的臂架折断事故(二)

1. 事故简介

东北某公司使用绝缘臂式高空作业车清理挂在输电线路上的风筝，由于作业人员手臂达不到风筝的高度，该作业人员在作业平台中跳起抓取，导致臂架断裂，该作业人员随即从近16m高处跌落至地面。

2. 事故原因分析

绝缘臂受到冲击载荷断裂。

3. 应吸取的教训

(1) 绝缘臂式高空作业车的绝缘臂为无机非金属材料，虽具有足够的强度承受作业平台载荷，但其塑性较低，抗冲击能力差，不能承受太大的冲击载荷，因此在使用过程中应避免绝缘臂承受冲击载荷，也不可突然快速起落绝缘臂。

(2) 输电线路电压一般较高，本事故虽未导致触电现象，但使用绝缘臂式高空作业车前，仍然务必确认线路电压在高空作业车能够允许的耐电压范围之内，不能盲目使用。

4.5.8 不系安全带导致从平台上坠落的死亡事故

1. 事故简介

北方某媒体记者酒后在平台中肩扛摄像机，在约15m高处拍摄新闻纪录片，在调整摄像机角度时身体后仰角度过大，由于其身体高度远超过平台防护栏高度，导致作业平台后翻，人与摄像机一同从高空坠落。

2. 事故原因分析

(1) 作业人员酒后登高作业，不能很好地控制自身状态和作业平台状态。

(2) 作业人员重心超出平台得以平衡的位置范围，导致平台后翻。

(3) 该车存在设计安全隐患：其平台自动调平采取拉杆式调平，只有在承受拉力的情况下才能保证平台始终处于水平状态，而平台与臂架连接销轴的位置太低，已接近平台底部，非常容易在瞬间产生压力，从而导致作业平台倾翻。

3. 应吸取的教训

(1) 再次强调严禁酒后操作使用任何高空作业车。

(2) 身高超过1.8m的作业人员使用该类作业车时，其重心位置更高，更容易出现此类事故，应特别注意不要将身体探出作业平台，确保自身重心位置不超过作业平台与臂架的连接销轴。

(3) 购买选型时注意考察产品设计状态：其平台与臂架连接销轴的位置不能低于平台高度方向的中点，最好高于其下部以上2/3位置。

4.5.9 高速驾驶急转弯导致的翻车事故

1. 事故简介

某公安局交警队员驾驶高空作业车奔赴作业现场途中，在转弯时倾翻，虽未出现人身伤亡事故，但导致维修费用近 2 万元的直接经济损失。

2. 事故原因分析

高空作业车重心位置高，其行驶的横向稳定性一般均低于其他专用车辆，如果转弯时行驶速度太高，很容易发生倾翻事故。

3. 应吸取的教训

高空作业车为臂架类专用作业车辆，通常重心位置更高，其行驶的横向稳定性较差，驾驶人员务必牢记，谨慎驾驶，低速转弯。

4.5.10 未观察道路状况导致的撞涵洞事故

1. 事故简介

北方某作业人员驾驶高空作业车经过一涵洞，工作平台与涵洞入口处顶面碰撞，导致平台报废、臂架歪斜、交通混乱，维修的直接经济损失近万元；另一起类似事故：作业车臂架头部与涵洞入口处顶面碰撞，导致臂架大修、上车液压管路和电气线路报废、交通混乱，直接经济损失近 20 万元。

2. 事故原因分析

(1) 车辆高度高，涵洞可通过高度不够。

(2) 驾驶人员粗心大意，在经过涵洞前没有观察确认可通过高度，即随意进入涵洞。

3. 应吸取的教训

(1) 尽可能不购买前置工作平台(斗)——即将作业平台置于驾驶室上面的高空作业车，此种结构形式的高空作业车不仅重心位置高，易出现行驶转弯时倾翻，其整车高度也很高，对诸如涵洞、架空线、狭窄空间等的通过能力较差。

(2) 驾驶员应谨慎驾驶，途经诸如涵洞、架空线、狭窄空间等路况时，应先停车观察检查车辆是否可以通过，确认无误后再行通过。我国涵洞空间高度旧标准为不小于 4m，新标准为不小于 4.5m，行车时务必注意道路状况，并应充分考虑汽车钢板弹簧的弹跳量，即：将整车最大高度加上钢板弹簧弹跳量后的高度小于涵洞可通过标高时，方可驾驶车辆通过。

5　高空作业平台

5.1　高空作业平台的特点及其发展

5.1.1　高空作业平台的特点

高空作业平台是用来运送工作人员和使用器材到指定高度进行作业的设备，是较为广泛的高空作业设备之一。由于多年来标准制定、修订中参考标准的名称不同，造成了产品命名多样化，在建筑工业行业根据美国标准定义为“高空作业平台”，在机械行业定义为“升降台”，在新起草的国家标准报批稿中根据《移动式升降工作平台设计计算、安全要求和试验方法》(ISO 16368—2003)国际标准又定义为“移动式升降工作平台”，再加上民间的说法如“登高平台”、“升降机”等。为了表述方便，本书仍以现行建筑工业行业标准的命名为准。高空作业平台通常由底盘、升降机构、工作平台等组成。其工作性能主要有以下特点：

(1) 移动灵活轻便。移动式高空作业平台依靠行走装置，可以快速进入作业地点，作业完成后可以迅速撤离现场。

(2) 升降快速自如。高空作业平台具有较为快速的升降装置，作业点选定后，能在高度方向快速到达；在可及的升降范围内，可以停留在任意高度进行高空作业。

(3) 作业范围较大。带有变幅机构的高空作业平台，其工作平台可以沿旋转中心旋转，有十分宽阔的作业范围特性；工作平台带有伸缩机构的高空作业平台，可以利用伸缩机构跨越地面的障碍物等，进入到需要作业的地方；利用底盘的快速移动特性，不受作业点离散程度的影响，可以快速实现高空作业。

(4) 使用安全可靠。高空作业平台具有完备的安全装置，只要规范地使用，安全完全能够得到保障。

(5) 作业效率高。高空作业平台是一种组装成套的机械设备，需要作业的准备时间非常短，升降一般通过电动或电动液压实现，劳动强度低，从而使作业人员从大量的准备时间和高强度的劳动中解放出来，集中精力进行高效率的高空作业。

(6) 不同于高空作业车。高空作业平台和高空作业车同属于高空作业机械，但根据我国的国情，高空作业车是特指“高空作业平台的底盘为定型道路车辆，并由车辆驾驶员操纵其移动的设备”。

5.1.2　高空作业平台的发展

我国高空作业平台产品的发展经历了近40年的历史，随着国际上发达国家高空作业平台产业的不断进步，我国的高空作业平台产业也有了长足的发展，产品的类型、品种、规格不断扩展，技术含量也在不断地提升，尽管与发达国家相比，我国的高空作业平台产业还存在一定差距，但这种差距越来越小，同质化程度越来越高，部分性能指标还有超过的趋势。

1. 执行标准的发展

1991年我国制定了第一个行业标准：《高空作业平台》JJ 82—1991。1998年在《高空作业平台》JJ 82—1991的基础上对行业标准进行了修订，形成了新的中华人民共和国建筑工业行业标准：《高空作业平台》JG/T 5100—JG/T 5104。该标准是一个较为完整的产品标准，既包括了安全规则，也包括了产品剪叉式、臂架式、套筒油缸式、桅柱式、桁架式高空作业平台标准。制定中主要参考了美国标准《动臂式升降作业平台》ANSI 92.5—1980的结构安全系数．报警装置．起升机构的设计依据．操作．制造者．销售者．购买者及操作者的责任等，同时参考了美国标准《自行式空中作业平台》ANSI 92.6—1979的系统保护、对工作人员的保护、操作、控制等。使我国的高空作业平台的产品标准与国外发达国家的标准基本同步。1999年，有关部门对剪叉式升降台又起草了《剪叉式升降台　型式和基本参数》JB/T 9229.1—1999、《剪叉式升降台　技术条件》JB/T 9229.2—1999、《剪叉式升降台　试验方法》JB/T 9229.3—1999三项中华人民共和国机械工业行业标准。

2008年，根据国际标准化组织发布的移动式升降工作平台的国际标准，组织有关单位起草了强制性国家标准：《移动式升降工作平台设计计算、安全规则和试验方法》，该标准等同采用国际标准《移动式升降工作平台设计计算、安全规则和试验方法》ISO 16368—2003。该标准目前正在报批过程中，一旦批准实施，则为高空作业平台产业国际化提供有力的支持。实现了与国际标准的同步发展。此外，全国升降工作平台标准化委员会于2010年组织有关单位起草了《移动式升降工作平台　安全规则、检查、保养和操作》和《移动式升降工作平台　操作者培训》两项推荐性国家标准。

2. 产品高度规格的发展

高空作业平台的作业高度已经形成了系列，剪叉式、套筒油缸式高空作业平台的高度一般在20m以下，臂架式高空作业平台一般在30m以下，桅柱式高空作业平台一般在18m以下，桁架式高空作业平台一般在26m以下。但最近几年，随着国际国内市场需求和技术进步，高空作业平台的高度已经有大幅度的增加，国际上剪叉式高空作业平台已经出现35m高度规格的产品，臂架式高空作业平台已经出现103.5m的产品，桅柱式高空作业平台已经出现30m的产品。总之高空作业平台的高度在不断地发展，体现了技术的成熟和这一领域的产品实际需求的旺盛。

3. 移动行走技术的发展

早期的移动式高空作业平台的底盘，一般为人工徒步推行或拖车式，随着提高生产效率的要求和连续作业的需要，高空作业平台出现了动力行走的产品，更为先进的是，在升降机构升高状态下通过超慢速度控制行走，这种产品对稳定性的要求越来越高、对监控装置的要求也越来越高，大大地提高了生产效率。此外，在产品适用性方面也有了可喜的发展，最早的产品只能在坚硬的水泥等水平地面上使用，到目前为止，已经研制出了在松软地面上和在斜坡上使用的高空作业平台；在行走轮行走方向上，已经开发出了全向移动的高空作业平台，使高空作业平台向任意方向移位变得轻而易举。

4. 控制技术的发展

高空作业平台的控制经历了一个从简单到智能化的过程，初期的产品控制较为简单，通过继电器控制电动机实现电气控制的基本回路，水平仪显示调平状态，人工观察检查，调定后的稳定状态需要操作人员不断地查看；随着计算机技术的应用，产品的智能化程度越来越高，功能互锁、工作状态实时监控、危险报警、自动终止危险操作、故障代码显示以及通过GPS、互联网等信息传输技术，使高空作业平台这一产品充满现代气息，彰显高空作业平台这一产业的活力。

5.2 高空作业平台国家建工行业标准条文释义与应用

5.2.1 《高空作业机械安全规则》JG 5099—1998 条文释义与应用

《高空作业机械安全规则》JG 5099—1998 于 1998 年 6 月 23 日发布，自 1998 年 12 月 1 日起开始实施。与《高空作业机械安全规则》JG 5099—1998 标准同时发布的还有《剪叉式高空作业平台》JG/T 5100—1998、《臂架式高空作业平台》JG/T 5101—1998、《套筒油缸式高空作业平台》JG/T 5102—1998、《桅柱式高空作业平台》JG/T 5103—1998、《桁架式高空作业平台》JG/T 5104—1998，这些标准作为《高空作业机械安全规则》JG 5099—1998 标准的具体应用，发布实施以来对统一和规范高空作业平台行业的设计、生产、使用、维护和管理等各个方面起到了明确有效的指导作用，对高空作业平台行业的健康有序发展起到了强有力的推动作用。

1. 标准的基本结构与性质

中华人民共和国建筑工业行业标准《高空作业平台》JG/T 5100—JG/T 5104 是一个较为完整的配套标准，标准的制定主要参考了美国标准《动臂式升降作业平台》ANSI 92.5—1980 的结构安全系数、报警装置、起升机构的设计依据、操作、制造者、销售者、购买者及操作者的责任等，同时参考了美国标准《自行式空中作业平台》ANSI 92.6—1979 的系统保护、对工作人员的保护、操作、控制等。配套标准中，制定了《高空作业机械安全规则》JG 5099—1998 作为强制性标准，该标准对结构设计与制造、调平机构、链条与钢丝绳、平台、液压系统、电气系统、稳定性、绝缘性、安全保护装置、操纵系统、司机与操作者等涉及安全要求的方面作了具体规定。配套标准中，分别对剪叉式、臂架式、套筒油缸式、桅柱式和桁架式高空作业平台制定了推荐性产品标准，每一项标准对相应产品的分类、技术要求、试验方法、检验规则、标志包装与贮运等进行了详细的规定。

2. 标准的定量条款

(1) 结构安全系数：承载部件所用塑性材料，按材料的屈服强度计算，结构安全系数不应小于 2；非塑性材料按材料的抗拉强度计算，结构安全系数不应小于 5。

(2) 结构报废：主要结构件由于腐蚀、磨损等原因而使结构应力提高，当应力增加10%以上时应予报废。

(3) 工作平台的调平机构：工作平台与水平面的夹角不得超过 1.5°。

(4) 链条与钢丝绳：钢丝绳或链条承受额定载荷时，按抗拉强度计算，钢丝绳或链条的安全系数不得小于8。

(5) 液压系统溢流阀开启压力的调定：液压系统应设有防止过载和冲击的装置，安全溢流阀的调定压力不得大于系统额定压力的100%，系统的额定压力不得大于液压泵的额定压力。

(6) 液压管路强度：按破裂强度而定的所有液压系统零部件(如软管、硬管等)，其最低破裂强度不应小于系统设计压力的3倍。

(7) 操作手柄的操作力及行程：手操作力不大于100N，操作行程不大于400mm；脚踏操作力不大于200N，操作行程不大于200mm。

5.2.2 《高空作业平台》JG/T 5100—JG/T 5104中的定量条款

(1) 工作条件要求：海拔高度不得超过1000m；气温应在－20～＋40℃；风速不得大于13m/s；电源电压的允许波动应为±10%。

(2) 电气系统电器元件的绝缘性能：电器元件的绝缘性能必须符合相关规定，主要元件的绝缘电阻不应低于1.0MΩ，二次线对地绝缘电阻不应低于2.0MΩ。

(3) 电气系统安全保护：电气系统应具有接地保护，接地电阻不应大于4Ω。

(4) 工作平台护栏，在《剪叉式高空作业平台》JG/T 5100—1998的5.5.1中规定：护栏的高度不应低于1m。

(5) 工作平台的宽度，在《剪叉式高空作业平台》JG/T 5100—1998的5.5.2中规定：工作平台的宽度不得小于450mm。

(6) 液压系统溢流阀的调定压力，在《剪叉式高空作业平台》JG/T 5100—1998的5.7.2中规定：液压系统溢流阀的调定压力不应超过工作压力的1.1倍。

(7) 液压油固体颗粒污染，在《剪叉式高空作业平台》JG/T 5100—1998的5.7.5中规定：液压油固体颗粒污染等级应为19/16。

(8)工作噪声，在《剪叉式高空作业平台》JG/T 5100—1998的5.8.4中规定：内燃机驱动的高空作业平台，耳边噪声不应大于86dB(A)，工作噪声不应大于82dB(A)；电力驱动的高空作业平台，耳边噪声不应大于80dB(A)，工作噪声不应大于76dB(A)。

(9) 工作平台上允许作用的最大水平侧向力，在《剪叉式高空作业平台》JG/T 5100—1998的5.8.6中规定：工作平台在最大高度时允许作用在工作平台上的最大水平侧向力为额定载荷的0.15倍，且不得少于250N。

(10) 工作平台下沉量，在《剪叉式高空作业平台》JG/T 5100—1998的5.8.13中规定：在额定载荷作用下，任意位置起升或下降制动后20min内，工作平台的下沉量不得大于5mm。

(11) 偏摆量，在《剪叉式高空作业平台》JG/T 5100—1998的5.13中规定：工作平台在升降过程中的偏摆量不应大于工作平台最大高度的0.5%；工作平台在额定载荷作用下，承受0.15倍额定载荷(且不小于250N)的最大水平侧向力，偏摆量不应大于0.02倍工作平台的最大高度。

(12) 可靠性要求，《剪叉式高空作业平台》JG/T 5100—1998的5.16中规定：高空作业平台可靠性试验时间为200h；工作平台最大高度不大于10m的，可靠度要求为94%；工作平台最大高度11～14m的，可靠度要求为92%；工作平台最大高度16～22m的，可靠度要求为90%。

5.2.3 《高空作业机械安全规则》JG 5099—1998 中的定性条款

1）机械结构的连接：主要承载件在同一处连接不得采用不同的连接方法。

2）结构报废：主要受力构件产生永久性变形而又不能修复时，应予报废；主要受力构件如臂架、支腿等，整体失稳后不得修复，必须报废；结构件及其焊缝发生裂纹，应分析产生原因，可采取加强或重新施焊的措施阻止裂纹发展，并达到原设计要求时才能使用，否则应予报废。

3）钢丝绳的检查和报废：应符合《起重机用钢丝绳检验和报废实用规范》GB/T 5972—2006 的规定。

4）工作平台：平台上必须设置拴安全带的位置，工作台面应防滑；绝缘平台必须在平台上注明绝缘电压及其检测周期；作业高度在 20m 以上的臂架式高空作业机械，平台的前下方及左右方向均应设置防撞报警并自动停止工作的装置。

5）液压系统：液压系统中应设置防止液压缸和工作机构因自重引起下滑和因管路破裂、泄漏而导致超速下降、坠毁的装置；液压驱动的支腿或稳定器，应设有在液压回路出现故障时，防止其缩回的装置；凡以液压传动方式控制操作的高空作业机械，在系统上应配有相应的保护措施，以防止当液压系统出现故障时，高空作业机械失去控制。

6）电气系统：在电气系统中应设有切断电源的总开关；凡以电力传动方式控制的高空作业机械，在系统的设计中应配有相应的保护措施，以防止在电路出现故障时，高空作业机械失去控制。

7）水平面上的稳定性：高空作业平台置于坚实的水平地面上，稳定性应满足下列条件：

(1) 平台在额定载荷作用下，被举升到最大高度，在其周边任一点施加最大侧向力时应稳定。

(2) 平台承受 1.5 倍额定载荷，其重心可置于平台周边内距周边 300mm 的任一处，在工作范围内的各位置上应稳定。

(3) 平台若能伸出，必须能使平台伸至极限位置，在伸出部位承受 1.5 倍该部位允许的最大载荷时，其重心可置于伸出平台周边内 300mm 内的任一处，在工作范围内的各位置上应稳定。

8）斜面上的稳定性：使用支腿作业的高空作业平台除特殊要求外，不允许应用在斜面上；应用在斜面上的特殊的高空作业平台和不用支腿作业的高空作业平台必须符合：高空作业平台置于与水平面成 3°的斜面上，整机处于最易倾翻的状态下，平台上承受 1.33 倍的额定载荷应稳定。

9）绝缘性：额定电压不大于 63kV 的高空作业机械不需要设置永久性电极，为了使检测一致以进行数据比较，在对同一高空作业机械进行每一次试验时，臂上的电极应保持相同，试验电压为 90kV、50Hz，并试验 3min，电流不应超过 1mA。额定电压为 35kV 以下的高空作业机械，检测电压应是 50kV、50Hz，要求试验 5min 无击穿、过热或其他绝缘破坏。电压超过 63kV 的臂架式高空作业机械，检测电压为额定电压的 2 倍，要求瞬时无击穿。具有绝缘性能的高空作业机械应涂绝缘漆，使用的液压油应确保绝缘性，整机应进行周期性绝缘性能检测。

10）安全保护装置：

(1) 对人体有不安全因素的运动部件，均应设置防护装置。

(2) 必须设置水平指示装置，只有当底盘调整至水平后，高空作业机械才能进行工作。

(3) 高空作业机械应设置防倾翻报警装置，当底盘在任何方向上与水平面的夹角大于3°时，该装置将自动报警。

(4) 除手动的高空作业平台外，带有支腿、稳定器和伸缩轴的高空作业机械应有下车与上车工作装置的互锁锁定装置。

(5) 高空作业机械上车各动作的终点位置应设置限位装置。

(6) 高空作业机械应设有紧急停止装置，并置于操作者易达到的位置，在误操作的情况下，该装置可有效切断所有动力系统。

(7) 高空作业机械应设置主动力失效时的辅助下落装置。

(8) 对于平台的升降是单独地靠起升钢丝绳或链条传动实现的，其系统应有断绳、断链保护装置。

(9) 作业高度在20m以上的高空作业机械，应设置超载保护装置。

11）高空作业机械的最大总重量不得超过选用底盘要求的最大总重量，最大轴荷应符合底盘规定的最大轴荷。

12）操纵系统：作业高度20m以上的高空作业机械应备有对讲设备；高空作业机械的操纵装置应操作方便、灵活、准确可靠，并应有指示牌或标记；控制手柄的操作方向应与控制的功能运动方向一致，当松开控制手柄时，应自动回到“停”位或中间位置，而且不能因振动等原因离位；除手动作业平台外，作业高度大于8m的高空作业平台，应设有上下两套控制装置，上控制装置应设在平台上，使操作者易于操作，并防止误动作，下控制装置应具有上控制装置的功能，并能超越上控制装置，以便出现故障时能及时地在地面进行控制；操作手柄采用手动的，其手动操作力不大于100N，操作行程不大于400mm。

5.2.4 《高空作业机械安全规则》JG 5099—1998中的强制性条款

1. 与设计、制造相关的强制性条款

(1) 主要受力构件的焊缝应符合《金属熔化焊焊接接头射线照相》GB/T 3323—2005中二级规定的要求，焊缝的外部不允许有烧穿、咬边、夹渣、焊瘤等。焊缝的纵向、横向及母体金属上不允许有裂纹，连续焊缝不能间断，鳞状波纹形成应均匀，最大高低差不应大于2mm。

(2) 主要承载件在同一连接处不得采用不同的连接方法。

(3) 采用高强度螺栓连接的机构，连接表面应清除灰尘、油漆、油迹和锈蚀，连接螺栓必须采用力矩扳手或专用工具，按设计技术要求拧紧。

(4) 承载部件所用的塑性材料，按材料的屈服强度计算，结构安全系数不应小于2。

(5) 承载部件所用的非塑性材料，按材料的抗拉强度计算，结构安全系数不应小于5。

(6) 主要结构件由于腐蚀、磨损等原因而使结构应力提高，当应力增加10%以上时应予报废。

(7) 主要受力构件产生永久变形而不能修复时，应予报废。

(8) 主要受力构件如臂架、支腿等，整体失稳后不得修复，必须报废。

2. 与调平机构相关的强制性条款

(1) 在调平过程中必须平稳、可靠，不得出现振颤、冲击、打滑、卡死等现象。

(2) 必须保证平台在任一工作位置均应处于水平状态，平台台面与水平面的夹角不得超过1.5°。

3. 与链条和钢丝绳相关的强制性条款

(1) 钢丝绳或链条承受额定载荷时，按抗拉强度计算，钢丝绳或链条的安全系数不得小于8。

(2) 钢丝绳的检查和报废应符合《起重机用钢丝绳检验和报废实用规范》GB/T 5972—2006 的规定。

4. 与平台相关的强制性条款

(1) 平台上必须设置拴安全带的位置，工作台面应防滑。

(2) 绝缘平台必须在平台上注明绝缘电压及检测周期。

(3) 作业高度在 20m 以上的臂架式高空作业机械，平台的前下方及左右方向均应设置防碰撞报警并自动停止工作的装置。

5. 与液压系统相关的强制性条款

(1) 液压系统应符合《液压系统通用技术条件》GB/T 3766—2001 中的有关规定。

(2) 液压系统应设有防止过载和冲击的装置，安全溢流阀的调定压力不得大于系统额定工作压力的 110%，系统的额定工作压力不得大于液压泵的额定压力。

(3) 液压系统中应设置防止液压缸和工作机构因自重引起下滑或因管路破裂、泄露而导致超速下降、坠毁的装置。

(4) 液压驱动的支腿或稳定器，应设有在液压回路出现故障时，防止其缩回的装置。

(5) 按破裂强度而定的所有液压系统的零部件(如软管、硬管等)，其最低破裂强度不应小于系统设计压力的 3 倍。

(6) 凡以液压传动方式操纵的高空作业机械，在系统上应配有相应的保护措施，以防止当液压系统出现故障时，高空作业机械失去控制。

6. 与电气系统相关的强制性条款

(1) 在电气系统中应设有切断电源的总开关。

(2) 凡以电力传动防止操纵的高空作业机械，在系统设计中应配有相应的保护措施，以防止在电路出现故障时，设备失去控制。

7. 与整机稳定性相关的强制性条款

1) 高空作业机械应置于坚实的水平地面上，且其稳定性应满足下列条件：

(1) 平台在额定载荷作用下，被举升到最大高度后，在其周边任一点施加最大规定侧向力时应稳定。

(2) 平台承受 1.5 倍额定载荷，其重心可置于平台周边内距周边 300mm 的任一点处，在工作范围内的各位置上应稳定。

(3) 平台若能升出，必须能使平台伸至极限位置。在伸出部位承受 1.5 倍该部位允许的最大载荷时，其重心可置于伸出平台周边内 300mm 的任一点处，在工作范围内的各位置上应稳定。

2）使用支腿作业的高空作业机械除特殊要求外，不允许应用在斜面上。应用在斜面上的特殊高空作业机械也必须符合10.2.3的规定。

3）不使用支腿作业的高空作业平台必须符合10.2.3的规定。

4）高空作业平台置于与水平面成3°的斜面上，整机处于最易倾翻的状态下，平台承受1.33倍的额定载荷应稳定。

5）工作时必须使用支腿或其他稳定装置的，应加以说明。

6）高空作业车在斜面上的稳定性要求应符合《高空作业车》GB/T 9465—2008中相关条款的规定。

8. 与绝缘性相关的强制性条款

(1) 具有绝缘性的高空作业机械，应在说明书和标牌上清楚地标明绝缘体的绝缘范围以及额定电压，并在说明书中注明绝缘检测电压和检测周期。

(2) 具有绝缘性能的高空作业机械，每台出厂前都应进行绝缘性能检测。

(3) 额定电压为63kV以上的臂架式高空作业机械应设置检测电极并应固定安装在上臂绝缘部分的内外表面，位于上臂绝缘体下端金属部分的50～150mm处，所有连接上臂绝缘部分的液压和气压管，需用金属连接器与每条软管连接，并位于绝缘臂的检测电极附近。

(4) 伸缩臂架式高空作业机械的绝缘外表面上的检测电极可以是可拆卸的，检测电极的位置应有固定的标记以便再次检测时使用。

(5) 额定电压不大于63kV的高空作业机械不需设置永久性电极，为了使检测一致以进行数据比较，在对同一高空作业机械进行每一次试验时，臂上的电极位置应保持相同，试验电压为90kV、50Hz，并试验3min，电流不应超过1mA。

(6) 额定电压为30kV以下的高空作业机械检测电压应是50kV、50Hz，要求试验5min无击穿、过热或其他绝缘性破坏。

(7) 电压超过63kV的臂架式高空作业机械，检测电压为额定电压的2倍，要求瞬间无击穿。

(8) 高空作业机械如装有下绝缘体，其检测的方法基本上与检测上绝缘体的方法相同，其交流试验电压的有效值为50V、50Hz，要求试验5min无击穿、过热或其他绝缘性破坏。

(9) 当平台采用绝缘内衬时，应将绝缘内衬置入导电溶液中检测，衬体内外的液面至衬体顶部不应大于150mm。检测电压有效值为50V、50Hz，要求在1min之内无电火花，或击穿衬壁现象发生。

(10) 具有绝缘性能要求的高空作业机械应涂绝缘漆，使用的液压油应确保绝缘性。

(11) 具有绝缘性能的高空作业机械都应进行周期性绝缘性能检测。

9. 与安全保护装置相关的强制性条款

(1) 对人体有不安全因素的运动零部件，均应设置防护装置。

(2) 必须设置水平指示装置，只有当底盘调整至水平后，高空作业机械才能进行工作。

(3) 高空作业机械应设置防倾翻报警装置，当底盘有任何方向上与水平面的夹角大于3°时，该装置将自动报警。

(4) 除手动的高空作业平台外，带有支腿、稳定器和伸缩轴的高空作业机械应有下车和上车工作装置的互锁或锁定装置。

(5) 高空作业机械上车各动作的终点位置应设有限位装置。

(6) 高空作业机械应设有紧急停止装置，并置于操作者易达到的位置，在误操作的情况下，该装置可有效切断所有动力系统。

(7) 高空作业机械主动力失效时应设有辅助下落装置。

(8) 对于平台的升降是单独地靠起升钢丝绳或链传动实现的，系统应有断绳、断链保护装置。

(9) 高空作业机械最大总重量不得超过选用底盘要求的最大总重量，最大轴荷应符合底盘规定的最大轴荷。

(10) 作业高度在 20m 以上的高空作业机械，应设置超载保护装置。

10. 与操纵系统相关的强制性条款

1) 作业高度在 20m 以上的高空作业机械应备有对讲设备。

2) 高空作业机械操纵装置应操作方便、灵活、准确可靠，并应有指示牌或标记。

3) 控制手柄的操作方向应与控制的功能运动方向一致，当松开控制手柄时，应自动回到“停”位或中间位置，而且不能因振动等原因离位。

4) 除手动作业平台外，作业高度大于 8m 的高空作业平台、作业高度大于 16m 的高空作业车应设有上、下两套控制装置，上控制装置应设在平台上，使操作者易于操作，并应防止误动作，下控制装置应具有上控制装置的功能，并能超越上控制装置，以便出现故障时，能及时地在地面进行控制。

5) 操作手柄的操作力及行程应符合下列要求：

(1) 手操作力不大于 100N，操作行程不大于 400mm；

(2) 脚踏操作力不大于 200N，操作行程不大于 200mm。

11. 与司机、操作者相关的强制性条款

1) 操作者在使用高空作业机械之前，必须做到：

(1) 经培训并通读使用说明书及安全规则；

(2) 应熟悉高空作业机械上标示的所有图表、警告内容；

(3) 检查液压油、燃油及电气系统是否符合要求。

2) 在每次交接班前，应检查高空作业机械是否存在会影响使用和操作的缺陷，检查内容如下：

(1) 观察有无裂开的焊缝或其他结构缺陷、液压系统的渗漏、控制缆索的损坏、钢丝绳接头的松脱及轮胎的损坏；

(2) 通过操作各控制系统进行检验，以确保能完成各种动作。

所有项目均应仔细检查，并对其是否危及安全作出结论，一切危及安全的因素在使用之前都要予以消除。

3) 高空作业机械只能在遵守生产厂的使用说明书及安全规则的情况下使用。

4) 在每次工作时，操作者应做到：

(1) 根据现行规定及标准，应自始至终使平台与带电高压线保持安全距离，不得越过；

(2) 一定要在坚实而平整的地面上才能工作；

(3) 必须使平台上的载荷及其分布符合生产厂的规定；

(4) 应按生产厂的使用说明书使用支腿或稳定器；

(5) 平台上的人员均应正确系好安全带。

5) 对允许在行驶状态下进行作业的高空作业机械，在行驶前和行驶中，操作者应做到：

(1) 注视行驶路线并保持良好视野，并且要确保行驶的路面坚实、平整；

(2) 要与障碍物保持一定距离。

6) 不允许进行特技驾驶或其他花样驾驶。

7) 在作业过程中，出现任何故障或误动作时应立即排除，方可继续使用。

8) 禁止变更、修改或废弃安全装置。

12. 其他强制性条款

1) 油箱：

(1) 不允许在发动机运转情况下添加燃油，添加燃油时不得溅出。

(2) 不允许在工作状态下添加液压油。

2) 电池充电只能在敞开的、通风良好并且无烟雾、无明火的情况下进行。

5.2.5 标准的应用

1. 标准在设计方面的应用

(1) 总体设计须符合标准规定的各项设计参数。

(2) 结构设计须满足标准规定的各项安全系数。

(3) 机构设计须按照标准要求设置相关装置。

(4) 整机设计须不折不扣地执行标准规定的与设计相关的强制性条款；对与设计相关的推荐性条款应尽最大可能予以满足。

2. 标准在制造方面的应用

(1) 高空作业平台应按照规定程序批准的图样及技术文件制造。

(2) 高空作业平台的自制零部件应经检验合格后方可装配。

(3) 标准件、外购件、外协件应具有制造厂的合格证，否则应按有关标准进行检验，合格后方可进行装配。

(4) 原材料应符合产品图样规定，并应有供应厂的正式标记及合格证。关键零部件所用原材料，制造前应抽样检验，确认合格后方可使用。

(5) 制造生产的同一型号高空作业平台的零部件应具有互换性。

(6) 制造和装配质量应符合标准的规定。

(7) 外观质量应符合标准的规定。

3. 标准在使用方面的应用

(1) 电气控制系统控制线路电压应采用安全电压或采取可靠的防触电保护措施。

(2) 电气系统应具有接地保护，接地电阻不应大于 4Ω。

(3) 高空作业平台的电气系统应设有切断电源的总开关；在系统设计中应配有相应的保护措施，以防止在电路中出现故障时，设备失去控制。

(4) 产品在运输时应可靠固定，并应符合所需运输条件的装载要求，在装卸时不得损坏产品。

(5) 高空作业平台应存放在通风、无雨淋日晒和无腐蚀气体的环境中。

(6) 作业平台存放时，应收至最低位置并安放在坚实的地面上，使其前、后、左、右处于水平，若行走轮为充气轮胎时应使轮子支离地面。

(7) 长期停用时(一个月以上)，在使用前应按使用说明书进行检查、维修和保养。

5.3 高空作业平台的安全技术

5.3.1 高空作业平台的基本类型

高空作业平台的类型按照升降机构结构形式分，主要有剪叉式、臂架式、桅柱式、套筒油缸式和桁架式等；按照移动的特性，分为可移动式和固定式，而可移动高空作业平台又可分为人力徒步推行和自行走式等两种。

1. 按照升降机构结构分类

剪叉式高空作业平台结构示意见图 5-1，臂架式高空作业平台结构示意见图 5-2，桅柱式高空作业平台结构示意见图 5-3，套筒油缸式高空作业平台结构示意见图 5-4，桁架式高空作业平台结构示意见图 5-5。

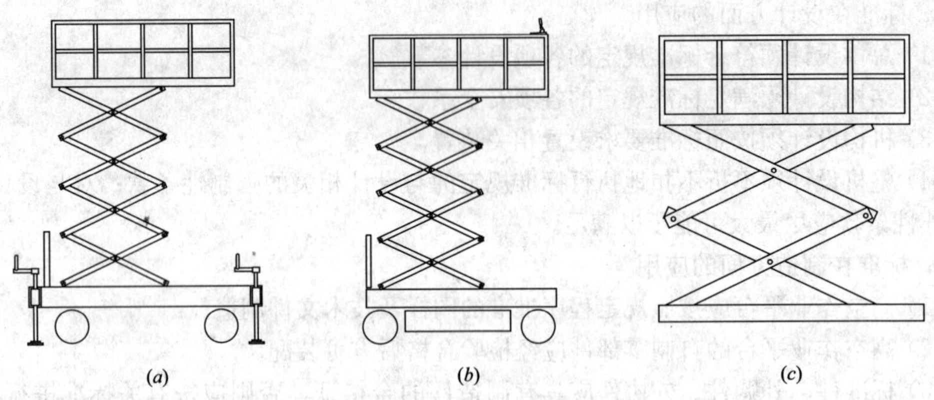

图 5-1 剪叉式高空作业平台

(*a*)人力徒步推行式；(*b*)自行走式；(*c*)固定式

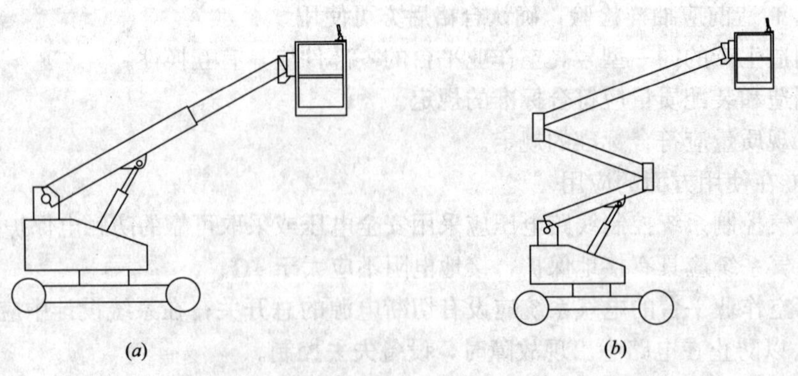

图 5-2 臂架式高空作业平台(一)

(*a*)自行走式，臂架式(伸缩)；(*b*)自行走式，臂架式(折叠)

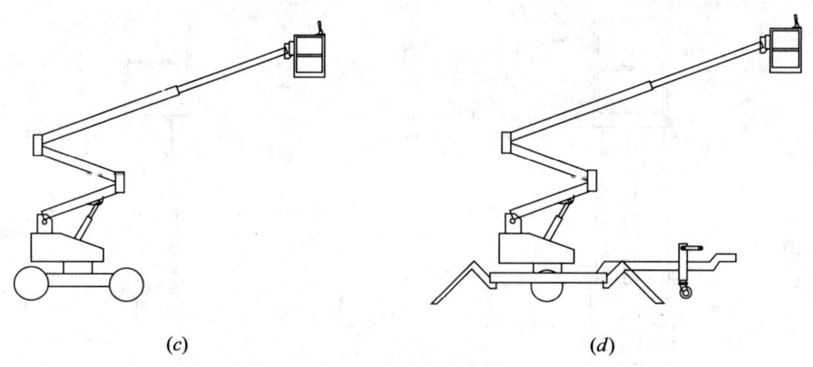

(*c*)　　　　(*d*)

图 5-2　臂架式高空作业平台(二)

(*c*)自行走式，臂架(伸缩＋折叠)；(*d*)蜘蛛式，臂架(伸缩＋折叠)

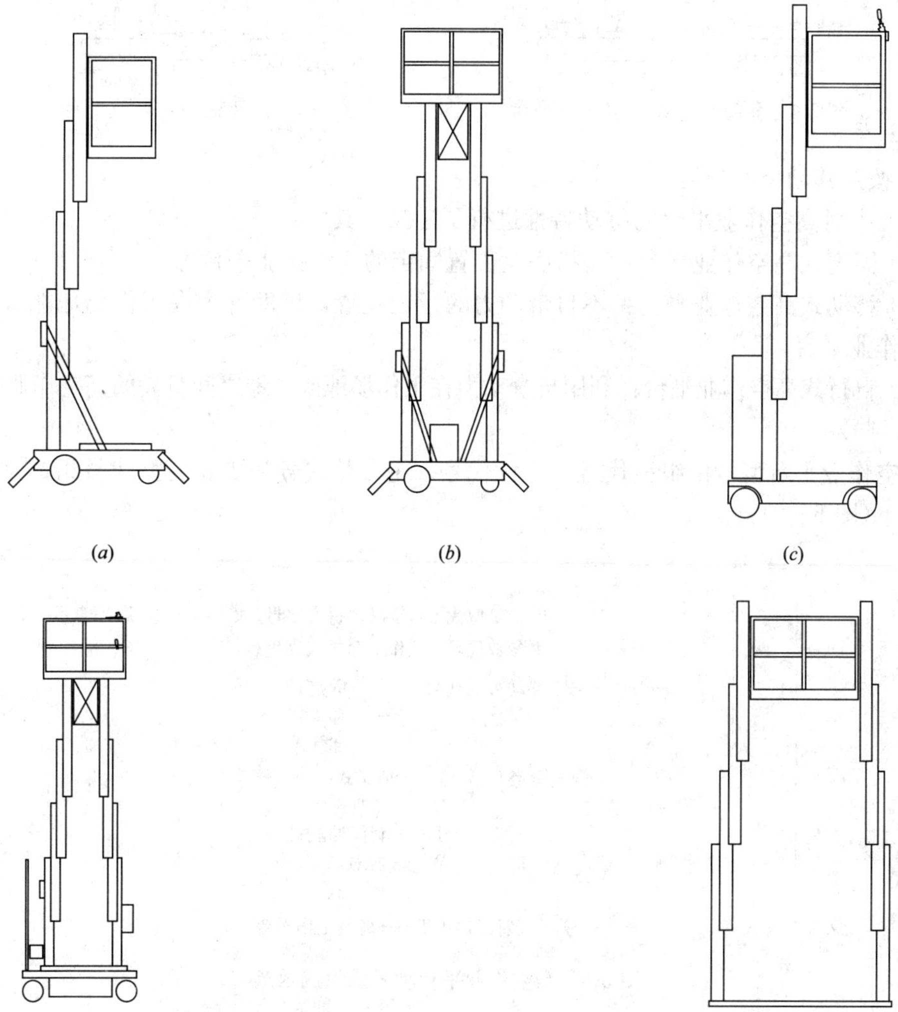

(*a*)　　　　(*b*)　　　　(*c*)

(*d*)　　　　(*e*)

图 5-3　桅柱式高空作业平台

(*a*)徒步推行单桅柱式；(*b*)徒步推行双桅柱式；(*c*)自行走单桅柱式；(*d*)自行走四桅柱式；(*e*)固定式

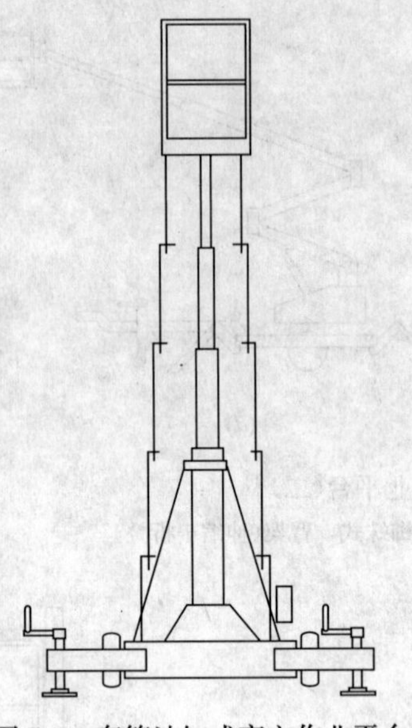
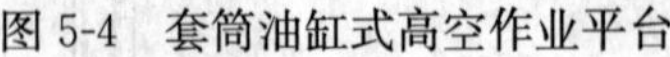

图 5-4 套筒油缸式高空作业平台

图 5-5 桁架式高空作业平台

2. 按照移动特性分类

标准中对高空作业平台的移动特性进行了定义，其中：

(1) 固定式高空作业平台：是指底盘位置固定的高空作业平台。

(2) 移动式高空作业平台：不自带动力的行走装置，借助外力在工作场地能方便移动的高空作业平台。

(3) 自行式高空作业平台：利用自身动力在工作场地或场地之间行驶的高空作业平台。

3. 型号

高空作业平台型号由组型代号、特性代号、主参数代号和更新变型代号组成，其型号说明如下(图 5－6)：

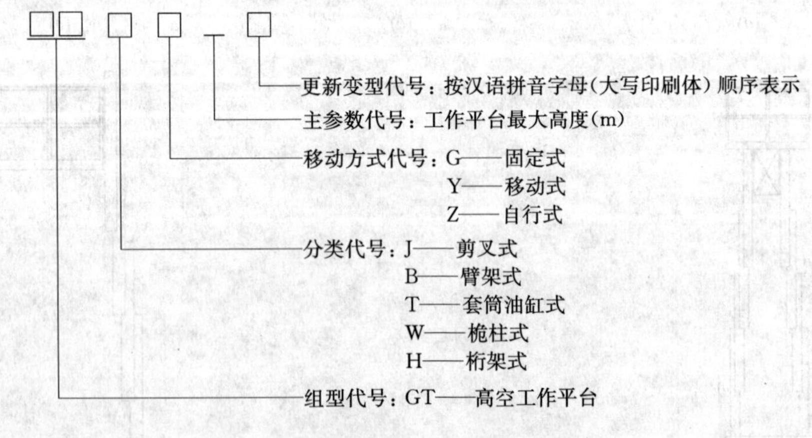

图 5-6 高空作业平台型号的组成示意

4. 主要部件的结构类型

1) 底盘

高空作业平台的底盘主要结构类型有以下几种：

(1) 人力徒步推行式。底盘装有行走轮，高空作业平台的移动依靠人力推或拉，该类底盘形式一般适用于小型高空作业平台。

(2) 拖车式。底盘装有较大的轮胎，以适应于经常需要在大范围内转移，有可能行驶于公路、乡村小路等，该类底盘的行走一般需要机动车辆牵引，自身不带有行走动力。

(3) 助力行走式。底盘装有燃油发动机或蓄电池等动力装置，行走操作的手柄在底盘上，行走时升降机构不允许起升。该类底盘主要用于整机重量较重，靠人力推动非常费力的机型。

(4)自行走式。底盘上装有行走动力装置，可以是电力驱动，也可以是燃油发动机驱动，行走的控制装置设置在工作平台上，允许在工作平台升高时行走。该类底盘适用于自动化程度和作业效率要求比较高的场合。

2) 支腿

支腿结构有机械式螺杆调节和液压油缸式两种基本类型，机械式螺杆调节适用于小型的高空作业平台；液压油缸式主要适用于较大型的高空作业平台；此外，自行走高空作业平台通常不设置支腿。

3) 行走驱动

自行走高空作业平台的行走驱动装置一般分下列三种结构类型：

(1) 驱动桥驱动。同汽车的驱动方式，驱动动力装置输出扭矩经减速机或液压泵站输出液压油至液压马达，再经传动轴输入驱动桥，实现行走驱动。对于前轮转向，属于地面控制行走的一般用机械结构通过转动手柄或方向机实现，属于在工作平台控制行走的，一般用油缸等推动T形机构实现，便于远程控制。优点是同步性好，缺点是转弯半径较大。

(2) 轮边液压马达驱动。行走轮装有轮边减速机，轮边减速机与液压马达连接，液压泵站提供液压油输入液压马达，从而经减速机驱动行走轮，四轮驱动的有四个液压马达，两轮驱动的有两个液压马达，转向机构同驱动桥驱动。优点是驱动功率大，缺点是低速启动和行走的平稳性较差。

(3) 电机轮边驱动。两后轮各装一个减速机和电机，通过控制器控制两个电机的转动和停止，当两个电机同时转，且转速一致的时候直线行走；当一个电机转动，另一个电机不转的时，整机行走产生转向动力，这种机型的前轮一般采用万向轮，因此万向轮在转向动力的作用下被动地进行转向，从而实现行走的控制。优点是驱动方式简单，转向半径比较小；缺点是被动转向，当地面有垃圾等影响万向轮的转动时，转向控制将不尽如人意。

4) 升降机构

高空作业的升降机构部件，常见结构类型及其主要优缺点如下：

(1) 剪叉式。所谓剪叉式是以四连杆构成平行四边形，通过油缸改变四连杆机构平行四边形的状态，从而实现垂直方向的高度变化。剪叉式高空作业平台的最大优点在于载重量参数设计具有较大的选择范围。其主要缺点是横向和纵向的稳定具有较大的差异性。

(2) 臂架式。臂架式分为伸缩式、折臂式和混合式三种，伸缩式的起升机构一般由两节以上的伸缩臂，通过液压油缸将臂架作相对伸缩运动，从而实现高度的升降；折臂式的起升机构一般也有两节以上的折叠臂，通过液压油缸的作用，将臂架作伸展和折叠动作，从而实现升降动作；混合式的升降机构含有伸缩和折叠臂两种臂架，使作业高度能够达到更高，工作平台的运动轨迹也可以最大限度地满足施工面的要求。臂架式升降机构具有升降和变幅两个工作特性，有利于跨越障碍物达到上方进行高空作业。主要缺点是在进行垂直作业时，需要不断地变换高度和幅度，工作平台的水平保持需要专门的机构才能实现。

(3) 桅柱式。桅柱式升降机构一般用多节铝合金型材制成的桅柱套合，并通过链条传动，动桅柱第一节用液压油缸推动，其余各节在链条作用下与动桅柱第一节同步垂直升降。桅柱式升降机构的最大优点在于重量轻，结构不易腐蚀生锈，传动链条冗余度大且有备份，安全可靠。主要缺点是不适宜用作大载重量的高空作业平台。

(4) 套筒油缸式。套筒油缸式的升降机构是通过多节油缸实现垂直升降的一种液压机构，最大优点在于结构简单。主要缺点在于工作平台受风力、操作力等影响产生偏摆的同时还存在着转动的位移，导致高空作业人员的不稳定感加剧。

(5) 桁架式。桁架式的工作原理与桅柱式基本相同，只是桅柱用钢材制成桁架形式，传动用钢丝绳实现，其优点在于结构简单，缺点是紧密配合较难实现，整机比较笨重。

5) 工作平台和护栏

工作平台根据升降机构和载重量的不同分成组合式和可装拆式两种，组合式是将护栏和工作平台制成整体，不具绝缘性的工作平台和护栏通常用钢管围成框，台面上铺设防滑材料，其防滑材料一般用花纹钢板或花纹铝板；具绝缘性的工作平台和护栏用绝缘材料(如玻璃钢等)制作。组合式的工作平台适用于臂架式和单桅柱式高空作业平台。可装拆式的工作平台和护栏，主要为降低高空作业平台的缩合高度，以提高可通过性，一般用于剪叉式、桅柱式(单桅柱式除外)、套筒油缸式和桁架式高空作业平台上。可拆装式工作平台用钢管焊接成框，台面铺设防滑材料，其防滑材料一般用花纹钢板或花纹铝板；护栏一般用钢管焊接而成；护栏与工作平台的连接通过铰链或夹紧机构。

6) 液压泵站

液压泵站主要用来为升降机构、液压油缸式支腿、行走驱动等装置提供动力，一般由电动机或燃油发动机、油泵、液压阀、滤油器、空气过滤器、油箱等部件构成。

(1) 动力装置采用电动机的，有采用直流电动机并由蓄电池供电的，也有采用交流电动机接驳市电运转的。一般自行走高空作业平台或远离市电供应而需要作业的高空作业平台采用直流电机。

(2) 动力装置采用燃油发动机的，用汽油或柴油作燃料。

(3) 动力装置驱动油泵产生液压力，经过液压阀输入液压油缸或液压电机，从而产生高空作业平台工作所需要的驱动力。

(4) 液压阀的作用是控制液压油的流向、流速以及启动和停止。

7) 电气控制

高空作业平台的电气控制一般由主电路和控制电路组成。

(1) 主电路主要用来输送原动力，一般由熔断器、接触器、继电器、漏电保护器、紧急停止开关等组成。

(2) 控制电路主要对高空作业平台工作及其状态实施控制，主要由变压器、整流器、按钮开关、行程开关、指示灯等组成，复杂的控制电路还包括 PLC、各种传感器及其转换模块、控制器、显示器等组成。

5.3.2 对高空作业平台的性能要求

1. 剪叉式高空作业平台的性能要求

(1) 各机构应保证作业时动作平稳、准确，不得产生爬行、振颤、冲击及驱动功率异常增大等现象，起升、下降的微动性能应良好。

(2) 机构必须具有平台在空中可靠停留的性能。

(3) 具有伸展平台的作业平台，应在说明书中对伸展时所允许的载荷值和相应的工作条件作出明确规定。

(4) 内燃机驱动的作业平台耳边噪声不应大于 86dB(A)，工作噪声不应大于 82dB(A)。电力驱动的作业平台耳边噪声不应大于 80dB(A)，工作噪声不应大于 76dB(A)。内燃机排放应符合《点燃式发动机汽车排气污染物排放限值及测量方法(双怠速法及简易工况法)》GB 18285—2005 或《车用压燃式发动机和压燃式发动机汽车排气烟度排放限值及测量方法》GB 3847—2005 的规定。

(5) 传动系统应平稳，不得有振动和油泵吸空等引起的不正常的噪声。

(6) 平台在最大高度时允许作用在平台上的最大水平侧向力 F 按下式计算：

$$F=0.15G$$

式中 G——额定载荷(N)；

F——F 值不得小于 250N。

(7) 作业平台置于坚实的水平面上，平台周边内距周边 300mm 处的任一位置承受集中额定载荷升降 10 次后，各构件不得有永久变形或裂纹。

(8) 作业平台置于坚实的水平面上，平台均匀承受 1.33 倍额定载荷升降 30 次后，各构件不得有永久变形或裂纹。

(9) 空载时平台最大高度误差不应大于公称值的 1%。

(10) 支腿纵横向跨距误差不应大于公称值的 1%。

(11) 整体拖运状态的宽度、长度和高度误差不应大于公称值的 1%。

(12) 起升、下降速度不得大于 0.5m/s；回转速度不应大于 2r/min。

(13) 在额定载荷作用下，任意位置起升或下降制动后 20min 内，平台下沉量不得大于 5mm。

(14) 各控制装置及元件应工作可靠、准确。

(15) 拖运状态整机重心位置误差不应大于公称值的 0.5%。

2. 臂架式高空作业平台的性能要求

(1) 各机构应保证作业时动作平稳、准确，不得产生爬行、振颤、冲击及驱动功率异常增大等现象，起升、下降、回转的微动性能应良好。

(2) 机构必须具有平台在空中可靠停留的性能。

(3) 内燃机驱动的作业平台耳边噪声不应大于 86dB(A)，环境噪声不应大于 82dB(A)。电力驱动的作业平台耳边噪声不应大于 80dB(A)，环境噪声不应大于 76dB(A)。内燃机排放应符合《点燃式发动机汽车排气污染物排放限值及测量方法(双怠速法及简易工况法)》GB 18285—2005 或《车用压燃式发动机和压燃式发动机汽车排气烟度排放限值及测量方法》GB 3847—2005 的规定。

(4) 传动系统应平稳，不得有振动和油泵吸空等引起的不正常的噪声。

(5) 作业平台置于坚实的水平面上，平台周边内距周边 300mm 处的任一位置承受集中额定载荷升降 10 次后，各构件不得有永久变形或裂纹。

(6) 作业平台置于坚实的水平面上，平台均匀承受 1.33 倍额定载荷升降 30 次后，各构件不得有永久变形或裂纹。

(7) 空载时，最大作业幅度误差不应大于其公称值的 2%；最大作业幅度处平台的高度不应低于其公称值；平台最大高度误差和平台初始高度误差不应大于其公称值的 1%。

(8) 支腿纵、横向跨距误差不应大于公称值的 1%。

(9) 整体拖运状态的宽度、长度和高度误差不应大于公称值的 1%。

(10) 起升、下降速度不得大于 0.5m/s；回转速度不应大于 2r/min。

(11) 在额定载荷作用下，任意位置起升或下降制动后 15min 内，各油缸活塞杆的回缩量不应大于 2mm，平台下沉量不得超过作业平台最大高度的 1%。

(12) 各控制装置及元件应工作可靠、准确。

(13) 拖运状态整机重心位置误差不应大于公称值的 0.5%。

3. 套筒油缸式高空作业平台的性能要求

(1) 各机构应保证作业时动作平稳，不得产生爬行、振颤、冲击及驱动功率异常增大等现象。

(2) 机构必须具有平台在空中可靠停留的性能。

(3) 内燃机驱动的作业平台耳边噪声不应大于 86dB(A)，工作噪声不应大于 82dB(A)。电力驱动的作业平台耳边噪声不应大于 80dB(A)，工作噪声不应大于 76dB(A)。内燃机排放应符合《点燃式发动机汽车排气污染物排放限值及测量方法(双怠速法及简易工况法)》GB 18285—2005 或《车用压燃式发动机和压燃式发动机汽车排气烟度排放限值及测量方法》GB 3847—2005 的规定。

(4) 应在明确位置标明平台的额定载荷。

(5) 平台在最大高度时允许作用在平台上的最大水平侧向力 F 按下式计算：

$$F=0.15G$$

式中 G——额定载荷(N)；

F——F 值不得小于 250N。

(6) 作业平台置于坚实的水平面上，平台周边内距周边 300mm 处的任一位置承受集中额定载荷升降 10 次后，各构件不得有永久变形或裂纹。

(7) 作业平台置于坚实的水平面上，平台均匀承受 1.33 倍额定载荷升降 30 次后，各构件不得有永久变形或裂纹。

(8) 空载时平台最大高度误差不应大于公称值的 1%。

(9) 支腿纵、横向跨距误差不应大于公称值的 1%。

(10) 整体拖运状态的宽度、长度和高度误差不应大于公称值的 1%。

(11) 起升、下降速度不得大于 0.5m/s。

(12) 在额定载荷作用下，任意位置起升或下降制动后 20min 内，平台下沉量不得大于 5mm。

(13) 各控制装置元件应工作可靠、准确。

(14) 拖运状态下整机重心位置误差不应大于公称值的0.5%。

4. 桅柱式高空作业平台的性能要求

(1) 各机构应保证作业时动作平稳、准确，不得产生爬行、振颤、冲击及驱动功率异常增大等现象。

(2) 机构必须具有平台在空中可靠停留的性能。

(3) 内燃机驱动的作业平台耳边噪声不应大于86dB(A)，工作噪声不应大于82dB(A)。电力驱动的作业平台耳边噪声不应大于80dB(A)，工作噪声不应大于76dB(A)。内燃机排放应符合《点燃式发动机汽车排气污染物排放限值及测量方法(双怠速法及简易工况法)》GB 18285—2005或《车用压燃式发动机和压燃式发动机汽车排气烟度排放限值及测量方法》GB 3847—2005的规定。

(4) 传动系统应平稳，不得有振动和油泵吸空等引起的不正常的噪声。

(5) 平台在最大高度时允许作用在平台上的最大水平侧向力F按下式计算：

$$F=0.15G$$

式中 G——额定载荷(N)；

F——F值不得小于250N。

(6) 作业平台置于坚实的水平面上，平台周边内距周边300mm处的任一位置承受集中额定载荷升降10次后，各构件不得有永久变形或裂纹。

(7) 作业平台置于坚实的水平面上，平台均匀承受1.33倍额定载荷升降30次后，各构件不得有永久变形或裂纹。

(8) 空载时平台最大高度误差不应大于公称值的1%。

(9) 支腿纵、横向跨距误差不应大于公称值的1%。

(10) 整体拖运状态的宽度、长度和高度误差不应大于公称值的1%。

(11) 起升、下降速度不得大于0.5m/s。

(12) 在额定载荷作用下，任意位置起升或下降制动后20min内，平台下沉量不得大于5mm。

(13) 各控制装置及元件应工作可靠、准确。

(14) 各支腿应能可靠地固定在规定位置，且可单独调整。

(15) 拖运状态下整机重心位置误差不应大于公称值的0.5%。

5. 桁架式高空作业平台的性能要求

(1) 作业平台的额定载荷不应小于1000N。

(2) 作业平台整体拖运状态，外形尺寸(长、宽、高)的最大误差不应超过公称值的1%，平台的最大高度误差也不应超过公称值的1%。

6. 对高空作业平台安全装置的要求

(1) 对人体有不安全因素的运动零部件均应设置防护装置。

(2) 必须设置水平指示装置，只有当底盘调整至水平后高空作业机械才能进行工作。

(3) 高空作业机械应设置防倾翻报警装置，当底盘在任何方向上与水平面的夹角大于3°时，该装置将自动报警。

(4) 除手动的高空作业平台外，带有支腿、稳定器和伸缩轴的高空作业机械应有下车与上车工作装置的互锁或锁定装置。

(5) 高空作业机械上车各动作的终点位置应设有限位装置。

(6) 高空作业机械应设有紧急停止装置，并置于操作者易达到的位置，在误操作情况下该装置可有效切断所有动力系统。

(7) 高空作业机械主动力失效时应设有辅助下落装置。

(8) 对于平台的升降是单独地靠起升钢丝绳或链传动实现的，其系统应有断绳、断链保护装置。

(9) 高空作业机械的最大总重量不得超过选用底盘要求的最大总重量，最大轴荷应符合底盘规定的最大轴荷。

(10) 作业高度在20mm以上的高空作业机械，应设置超载保护装置。

7. 对高空作业平台的安全技术要求

对底盘的安全技术要求：所有转动的外露部分应设置机罩或防护装置。

8. 支腿和稳定器的安全要求

(1) 作业平台的支腿、稳定器和伸缩轴，应装有互锁装置。

(2) 液压驱动的支腿或稳定器，应设有在液压回路出现故障时防止其缩回的装置。

(3) 各液压支腿应能可靠地固定在规定位置，且可单独调整。

9. 升降机构的安全要求

(1) 升降机构应保证平台平稳升降，不得出现跳跃式升降现象。

(2) 升降机构各运动部件运动时应灵活，不得有卡阻和噪声。

10. 调平机构的安全要求

(1) 在调平过程中必须平稳、可靠，不得出现振颤、冲击、打滑、卡死等现象。

(2) 必须保证平台在任一工作位置均应处于水平状态，平台台面与水平面的夹角不得超过1.5°。

11. 链条与钢丝绳的安全要求

(1) 钢丝绳或链条承受额定载荷时，按抗拉强度计算，钢丝绳或链条的安全系数不得小于8。

(2) 钢丝绳的检查和报废应符合《起重机用钢丝绳检验和报废实用规范》GB 5972—2006的规定。

12. 平台和护栏的安全要求

(1) 平台护栏高度不应小于1m，并应设有中间隔栏和不小于100mm高的护围。

(2) 平台宽度不得小于450mm，工作台面应防滑。

(3) 平台台面上应备有工作人员拴安全带的位置。

(4) 护栏结构应能承受沿水平方向作用在顶部护栏或中间隔栏上360N/m的负荷，顶部护栏或中间隔栏在两支杆之间应能承受垂直方向1300N的集中负荷。

(5) 平台应醒目地标明平台的额定载荷值。

(6) 平台进出口处的门不得向外开。

(7) 若为绝缘平台，则必须在平台上注明绝缘电压。

13. 液压系统的安全要求

(1) 液压系统应符合《液压系统通用技术条件》GB/T 3766—2001中的有关规定。

(2) 液压系统应设有防止过载和冲击的装置，安全溢流阀的调定压力不得大于系统额定工作压力的110%，系统的额定工作压力不得大于液压泵的额定压力。

(3) 液压系统中应设置防止液压缸和工作机构因自重引起下滑或因管路破裂、泄漏而导致超速下降、坠毁的装置。

(4) 液压驱动的支腿或稳定器，应设有在液压回路出现故障时，防止其缩回的装置。

(5) 按破裂强度而定的所有液压系统的零部件(如软管、硬管等)，其最低破裂强度不应小于系统设计压力的3倍。

(6) 凡以液压传动方式操作的高空作业机械，在系统上应配有相应的保护措施，以防止当液压系统出现故障时，高空作业机械失去控制。

14. 电气系统的安全要求

(1) 在电气系统中应设有切断电源的总开关。

(2) 凡以电力传动方式控制的高空作业机械，在系统设计中应配有相应的保护措施，以防止在电路出现故障时，设备失去控制。

5.3.3 对高空作业平台使用的安全要求

1. 对地面条件的安全要求

地面应平整、坚实、清洁。作业过程中不得下陷，作业平台的周围不允许有影响其回转的障碍物。

2. 对环境的安全要求

(1) 正常工作环境温度：－20～＋40℃。

(2) 正常工作处阵风风速：不大于13m/s。

(3) 正常工作地点高度：不大于海拔1000m。

(4) 正常工作电压允许波动范围：±10%。

3. 对作业人员的安全要求

(1) 有恐高症、高血压、头晕等疾病的患者不得进行高空作业；即使无此类疾病的人员，在身体临时出现不适宜登高作业的症状时，也应立即停止。

(2) 集中精力，谨慎操作。升降或移动时的手应抓住扶手或栏杆；操作施力应尽量小。

(3) 在高空作业过程中不要进行花样动作。

(4) 升降和行走时，应时刻观察周围有无障碍物和运动物体，切勿碰撞。

(5) 升降和行走时，不要冒险接近带电物体。

(6) 室外使用时，应时刻关注风力的变化。

(7) 应经常检查设备的安全装置，发现问题应及时处理，不得带故障运行。

(8) 应经常关注行走和升降用的蓄电池的容量，发现不足时，应立即充电。

4. 高空作业平台的维护与保养

1) 高空作业平台的日常维护与保养

(1) 升降控制按钮应灵敏，紧急停止按钮处于未按下状态；

(2) 行驶控制的手柄应完好，动作灵敏；

(3) 平台移动控制按钮应灵敏；

(4) 坑洼保护装置的活动块应处于保护状态；

(5) 升降机构的液压系统应无液压油泄漏现象；

(6) 机器表面应整洁，作业时沾上的污染物应清除干净。

2) 高空作业平台的定期检修

(1) 行驶、升降、工作平台等控制装置的操作件是否灵敏、可靠。

(2) 机械连接的紧固件是否有松动。

(3) 升降和转向液压系统的密封性。

(4) 水平仪指示的水平状态是否正确。

(5) 主要结构件是否有影响其强度的锈蚀、腐烂等现象，主要检查：

① 升降机构中的传动部件。

② 底盘结构件。

③ 梯子横档及梯子与桅柱底架的连接。

④ 护栏、护栏与工作平台的连接和装拆装置。

3) 高空作业平台的大修

(1) 电气系统的大修

① 修复或更换失灵或失效的所有电气元件。

② 检查电缆线绝缘层是否破损或龟裂老化；对无法修复的予以更换。

③ 检查各接头、接点的连接情况，必要时按规范要求重新整理或接线。

④ 上试验台全面检查电控箱的各项动作是否正常可靠。

(2) 平台和护栏的大修

① 清理表面附着物、残漆及浮锈。

② 检查磨损或锈蚀是否超标。对超标的构件进行更换。

③ 检查构件变形及焊缝裂纹。对可修复的构件采用合理工艺进行修复。对无法修复的构件予以更换。

④ 检验合格后进行重新涂漆。

(3) 液压系统

① 液压管路出现渗漏油现象。

② 液压管路(如软管、硬管等)是否有破裂现象，及时进行更换。

③ 油缸内油量应能满足油缸全行程的要求。

5.3.4 高空作业平台的常见故障及排除方法

1. 接上电源后，电源指示灯不亮

原因：电源未接通。

检查和排除故障：

(1) 检查电控箱电源开关。若进线端有电，出线端无电，则电源开关失效或损坏。修理或更换电源开关。

(2) 检查漏电保护器。重新合闸，若脱扣试验按钮自动弹出，则电气系统存在漏电之处，必须仔细排除；若按钮未弹出，但出线仍无电，则漏电保护器损坏，进行修理更换。

(3) 检查相序保护器。若红色指示灯亮，则表明电源相序不正确，应更正相序；或电源缺相，应查明缺相原因并解决。

(4) 检查主回路熔断器。若主回路熔断器熔断，须先查明系统有无短路之处，排除后更换熔芯。

(5) 直流，检查蓄电池电量，电力不足，充电；如属蓄电池过放电的，应直接更换蓄电池。

2. 电源接通后，升降机构未起升动作

原因之一：急停按钮未复位。

检查和排除故障：急停按钮被按下，排除故障后未手动复位。进行复位。

原因之二：控制回路熔断器熔断。

检查和排除故障：检查控制回路有无短路，排除故障后更换熔芯。

原因之三：接触器失效或损坏。

检查和排除故障：

(1) 线圈烧断，更换接触器。

(2) 铁芯卡住，修复。

(3) 触头烧损，修复或更换接触器。

原因之四：启动按钮失效或损坏。

检查和排除故障：

(1) 启动按钮被卡住，修复。

(2) 启动按钮损坏，更换。

原因之五：能下降，不能上升。

检查和排除故障：

(1) 上升接触器失效或损坏，如损坏应更换。

(2) 上行程限位开关失效或损坏。若限位开关被卡住，会使其常闭触点断开，即切断上行程控制回路，应排除和修复；若限位开关损坏，则更换。

原因之六：电动机及其接线问题。

检查和排除故障：

(1) 电动机被烧毁，更换。

(2) 电动机与电控箱之间的动力线或插、接头未接通，排除。

原因之七：工作平台的载荷超过额定值。

检查和排除故障：卸去超重部分，确保升降安全。

原因之八：支腿未调平。

检查和排除故障：有“支腿—升降”安全连锁功能的，底架未调平不能起升，应予调平底架。

3. 电动机只响不转

原因：缺相。

检查和排除故障：

(1) 电源缺相，电工排除。

(2) 电控箱内部缺相，电工排除。

(3) 电动机与电控箱之间缺相，电工排除。

(4) 电动机内部断相，更换电动机。

4. 平台空载正常，加载启动异常

原因之一：电源电压低于允许波动值。

检查和排除故障：解决电源问题。

原因之二：接入电控箱的电源电缆过长或过细。

检查和排除故障：虽然电源处电压不低，但由于带载启动电流很大，引起过长或过细的电源电缆自身压降过大，而使电动机实际输入电压过低。更换电源缩短电缆长度，或换大截面电缆降低电阻。

原因之三：电动机启动力矩过小。

检查和排除故障：更换电动机。

5. 松开工作平台上升(旋转)操作按钮，工作平台继续上升(旋转)

原因之一：接触器触点粘连。

检查和排除故障：修复或更换接触器。

原因之二：按钮被卡住或损坏。

检查和排除故障：

(1) 按钮被卡住，应排除故障。

(2) 按钮损坏，应进行更换。

6. 松开下降操作按钮，工作平台继续下降

原因之一：接触器触点粘连。

检查和排除故障：修复或更换接触器。

原因之二：按钮被卡住或损坏。

检查和排除故障：

(1) 按钮被卡住，应排除故障。

(2) 按钮损坏，应进行更换。

原因之三：液压支撑阀阀芯不能复位。

检查和排除故障：

(1) 检查支撑阀、液压锁、平衡阀等液压部件，按使用说明书规定的方法调整或清洗。

(2) 检查液压油液的污染度，污染严重的应更换液压油。

原因之四：液压系统密封失效。

检查和排除故障：

(1) 检查液压管路连接处，对泄漏处进行处理。

(2) 检查液压油缸活塞杆处，有漏油说明外泄，更换油缸活塞杆密封件。

(3) 检查液压油缸的活塞密封，有破损造成内泄漏的，应更换活塞密封件。

7. 上行程限位装置不起作用

原因之一：限位开关碰不到限位挡块。

检查和排除故障：调整二者之间的相互位置，使之有效接触。

原因之二：限位开关失灵或损坏。

检查和排除故障：修复或更换限位开关。

原因之三：上行接触器粘连。

检查和排除故障：修复或更换接触器。

8. 自行走高空作业平台升高状态不能行走

原因之一：操作手柄控制电路断路。

检查与排除故障：电工检查控制回路，接通电路。

原因之二：地面倾斜超过设计允许值。

检查和排除故障：清扫、平整地面。

原因之三：水平状态监控传感器误动作。

检查和排除故障：

(1) 检查水平传感器安装，排除松动。

(2) 传感器性能蠕变，按制造商说明书由专业人员进行清零操作。

9. 工作时有异常噪声

原因之一：缺少润滑油。

检查和排除故障：检查运动部件的摩擦部位，按说明书加注润滑油、润滑脂。

原因之二：运动部件摩擦磨损严重。

检查和排除故障：检查运动部件，调整间隙，更换磨损严重的零部件。

5.3.5 高空作业平台的日常检查

高空作业平台日常检查及其检查周期应按照表5-1进行。

高空作业平台日常检查及其检查周期 **表5-1**

设备编号： 检查日期： 年 月 日

序号	检查项目	检查或测试的内容	检查周期(月)			
			F1	F2	F3	F4
1	底盘系统	行走轮应无明显的磨损、橡胶脱落等	24	18	12	6
		转向轮轴承、转向关节轴承应转动灵活，润滑良好	36	24	12	6
		转向系统连杆销轴应无明显的磨损等	36	24	12	6
		支腿和稳定器应无变形、卡阻、移位等	24	18	12	6
5	升降系统	升降部件与底架的螺栓连接处应连接可靠，无松动现象	24	24	12	12
		传动链条或钢丝绳应无明显的磨损等现象	36	36	24	12
		链轮(钢丝绳轮)上与链条(钢丝绳)的接触表面应无严重的磨损，沟槽边缘应完好	36	24	12	6
		完全下降后，升降部件相对位置应自下而上依次渐高，不应出现依次渐低现象	24	24	12	6
		升降部件摩擦表面不应有明显的划伤、拉痕	36	36	24	12
		升降部件配合应无明显的松动	36	24	12	6
11	工作平台护栏部件	护栏装配压紧装置应完好，保险钩可靠	12	12	6	6
		护栏与工作平台中间的装拆用升降导向装置应无卡阻现象	12	12	12	12
12	液压系统	液压油应无氧化等、固体颗粒物在允许范围内，不应出现升高后自动下降现象	24	24	12	12
		油箱的油量应能满足油缸全行程的要求	24	24	12	12

续表

序号	检查项目	检查或测试的内容	检查周期(月)			
			F1	F2	F3	F4
12	液压系统	管路连接的密封应良好	12	12	6	6
		油缸的密封应良好，不应有漏油等现象	36	24	12	12
16	电气系统	升降、旋转、行驶、平台移动控制按钮灵敏	12	12	6	3
		各种限位开关应灵敏可靠	12	12	6	3
		连接电缆应无老化现象，穿越金属孔处绝缘层不应有破损等	36	36	24	24
19	安全保护	升高限位开关应灵敏可靠	24	24	12	12
		工作平台的称重限载装置应灵敏可靠	12	12	6	6
		底盘水平监控保护装置应动作灵敏、准确	6	6	3	3
		危险状态报警装置完好、准确	6	6	6	6
		紧急下降装置应完好	24	24	12	12
		坑洼保护装置应完好	12	12	6	6

注：F1，使用频率低，平均每季度累计使用时间在 30 个小时以下；
F2，使用频率中等，平均每月累计使用时间在 30 个小时以下；
F3，使用频率较高，平均每周累计使用时间在 15 个小时以下；
F4，使用频率高，平均每天使用时间超过 3 个小时以上。

5.4 高空作业平台的安全操作规程

5.4.1 高空作业平台的安全操作基础规程

1. 对操作人员的基本要求

(1) 年满 18 周岁，初中(含)以上文化程度。

(2) 无不适合高处作业的疾病和生理缺陷。

(3) 必须经过高空作业安全技术培训，经考核合格，并取得高空作业操作证，持证上岗操作。

(4) 作业前必须学习和掌握《高空作业平台使用说明书》的内容和规定。

(5) 作业时应戴安全帽、佩安全带、穿防滑鞋等劳动保护用品。

(6) 酒后、过度疲劳及身体或情绪异常者不得上岗。

(7) 发现事故隐患或不安全因素时，操作人员有责任要求领导采取安全保护措施。

(8) 对于违章指挥或强令冒险作业的，操作人员有权拒绝执行。

2. 对操作环境的基本要求

(1) 正常工作环境温度：－20～＋40℃。

(2) 正常工作处阵风风速：不大于 13m/s。

(3) 正常工作地点高度：不大于海拔 1000m。

(4) 正常工作电压允许波动范围：±10％。

(5) 在高空作业平台运行范围内，必须与高压线或高压装置保持 10m 以上的安全距离。

(6) 在高空作业平台作业下方，应设置警示线或安全保护栏。必要时设置安全警戒人员。

(7) 作业场地表面应平坦坚实；空中无障碍物。

3. 对设备的基本要求

(1) 各部件完好无损，在规定使用期内或有效标定期内。

(2) 设备维护与保养及时、到位。整机处于良好技术状态。

(3) 安装符合规定要求。

(4) 电气系统接地良好、绝缘可靠。

4. 高空作业平台操作的基础规程

高空作业平台操作的基础规程主要包括下列内容：

(1) 了解要执行的任务；

(2) 为执行该任务选择合适的高空作业平台；

(3) 明确预期目标和熟知各控制设施的功能；

(4) 经过管理员授权；

(5) 理解制造商的操作使用说明和安全操作规程，或者接受资质人员按制造商提供的操作使用说明和安全操作规程所作的培训；

(6) 通过阅读或资质人员的解释，了解高空作业平台上所有的标志、警告和说明；

(7) 各种环境条件中(包括高空作业平台的操作环境)使用合适的人员安全防护装置。

5.4.2 高空作业平台作业准备阶段的安全操作规程

1) 使用高空作业平台前，应检查工作场所可能存在的危害，主要检查内容如下：

(1) 边缘或坑洞；

(2) 斜坡；

(3) 凸点、地面障碍和电缆；

(4) 碎屑；

(5) 顶部障碍物和带电导体；

(6) 危险位置；

(7) 工作区域内，不能承受高空作业平台地面压力的表面；

(8) 风和天气情况；

(9) 现场人员情况；

(10) 其他可能的不安全因素。

2) 高空作业平台操作前，操作人员应确保符合下列要求：

(1) 按制造商要求使用支腿、伸缩轴等稳定器或其他增加稳定性的方法；

(2) 护栏、入口门或开口按照制造商要求关闭或者处于合适的位置；

(3) 工作平台和平台延伸上的载荷及分布符合制造商规定的额定载荷及分布；

(4) 高空作业平台上的所有人员都应使用合适的人员保护装置以及制造商或管理员根据具体工作和环境条件规定的其他防护措施；

(5) 必要时使用人员防坠落的保护装置。

3) 操作人员应了解高空作业平台在易燃易爆气体或粉尘环境中工作的限制。

4）操作人员应阅读操作人员手册或高空作业平台上所有关于高空作业平台安全使用的警示和说明，理解并遵守。在进行高空作业平台操作前，操作人员应确保其对警示或说明符号(图片)所表达的意思已完全理解。

5.4.3 高空作业平台作业阶段的安全操作规程

1）高空作业平台不应在超过制造商规定的坡度、斜坡、台阶或拱形地面上操作。

2）应按制造商的要求使用支腿、伸缩轴等稳定器或其他增加稳定性的方法，并锁入相应位置。

3）安装护栏并定位，入口门或开口应关闭或按制造商的要求设置在适当位置。

4）工作平台及其他平台延伸上的载荷及分布应符合制造商规定的额定载荷及分布。

5）操作人员应确保头部距离障碍有足够的间隙。

6）应注意触电的危险，特别地：

(1) 若没有通过检测或其他方法验证是否适当接地，带电导体都应视为带电。若非经过测试或其他合适的方法或措施进行处理，所有的带电导体包括那些看似绝缘的带电导体也应视为不绝缘。

(2) 所有高空作业平台的操作人员和管理员应遵循国家或地方关于地面以上带电导体最小安全距离的有关规定(经过绝缘防护并处于物理密闭状态中的导体的情况除外)。

(3) 高空作业平台、工作平台操作人员及乘员接近带电导体的距离不应小于表5-2规定的最小安全距离，但下列情况除外：

最小安全距离 **表5-2**

电压范围(相间电压)(kV)	最小安全距离(m)	电压范围(相间电压)(kV)	最小安全距离(m)
0～50	3	501～750	10
51～220	4	751～1000	13
221～500	5		

① 操作人员和乘员经过专业培训并佩戴人员防护设备；

② 高空作业平台适合在靠近带电导体的地方工作；

③ 经过管理人员适当授权。

7）高空作业平台工作时，人员应在工作平台底板上保持稳定立足；禁止乘员踩踏工作平台踢脚板、中部栏杆或顶部围栏；禁止在工作平台上使用厚木板、梯子或其他设备来增加或延伸高度。

8）工作场所内出现其他移动设备和车辆时，应按照当地法规或工作场所安全标准采取适当的防范措施，可采取插小旗、拉警戒线、挂警告灯、竖路锥、路障等方式(不仅限于此)进行警示。

9）操作过程中出现的任何安全问题或故障，操作人员都应马上报告给管理员。如有必要，管理员可以通过向资质人员咨询，对影响安全操作的问题或故障进行维修，方可继续投入使用。

10）操作人员应及时向监督员或管理员报告一些在操作过程中发现的潜在危险点，例如，存在易燃易爆的气体或粉尘的地方。

11）禁止高空作业平台在未经许可和有潜在易燃易爆气体或粉尘等标记的危险区域进行操作。

12）应采取防护措施预防高空作业平台内钢丝绳、电缆及软管等的缠绕。

13）任何高度下，高空作业平台转移载荷时，载荷不应超过额定值。

14）高空作业平台下降前，操作人员应确保高空作业平台周围没有人员和设备。

15）往燃料箱里加油时应关掉发动机；加油应在通风较好，无火焰、火星或其他可能会引起火灾或爆炸危险的地方进行。

16）蓄电池应在通风良好，无火焰、火星或其他可能会引起火灾或爆炸危险的地方进行充电。

17）高空作业平台不应通过靠、捆、拴的方式固定在另一个物体上来保持其稳定。

18）未经制造商或资质人员特殊许可高空作业平台不应作为起重机使用。

19）未经制造商或资质人员书面许可，不应将高空作业平台用在卡车、拖车、有轨车、浮船、脚手架或其他类似设备上。

20）行走前和行走过程中，操作人员应遵循如下要求：

(1) 遵守制造商对于设备行走的要求；

(2) 保持支撑面和行进路线视野良好；

(3) 让现场其他人员知道高空作业平台的移动，防止人员受伤；

(4) 对障碍物、碎片、边缘、坑洞、斜坡和其他危险地方保持安全距离，确保安全行驶；

(5) 保持与顶部障碍物的安全距离；

(6) 根据支撑面、场地拥堵情况、视野、斜坡、人员位置和其他因素等条件限制行驶速度；

(7) 未经制造商许可，高空作业平台不得在举升位置行走。

21）禁止表演性操作和鲁莽操作。

22）操作人员应采取措施，保护高空作业平台不被未授权人使用。

23）安全装置不应被变动或使其失效。

24）若工作平台或伸展机构被临近的结构或其他障碍物阻挡而不能正常运动，且反向控制亦不能让高空作业平台摆脱受阻，所有人员应在使用下控制装置解除高空作业平台受阻前撤离工作平台。

25）人员离开或进入升高的高空作业平台时，应遵守制造商的指示和说明。

26）操作人员应确保所要运送的应是安全的工具和物料，这些工具和物料分布均匀并且能由工作平台上工作的人员安全操控。这种操作应在制造商指导下进行。

27）若未使用专门为此设计的载体并经过制造商的书面授权，禁止在工作平台外运送物料。

28）操作人员不应允许超过制造商规定的手动操作力和(或)特殊力。

29）若非经过管理员授权，操作人员不应将高空作业平台交由任何其他人使用。

30）若非制造商允许，不应将高空作业平台的吊臂和(或)工作平台当作千斤顶将轮子顶离地面。

31）当高空作业平台工作区域的顶部有移动障碍物时，应采取措施防止与高空作业平台发生碰撞。

5.4.4 高空作业平台作业后的安全操作规程

(1) 对本次使用中发现的异常现象进行检查，并排除所有的故障。

(2) 应将高空作业平台的伸展机构回缩到收藏位置。

(3) 应将所有的活动装置进行固定，带有支腿的高空作业平台，其支腿应该尽量提高，以免移动时碰到障碍物而受到损坏。

(4) 高空作业平台应存放在无腐蚀性气体和粉尘的环境中。

(5) 离开高空作业平台应切断电源，主控开关应处于关闭状态并带走启动钥匙。

5.4.5 高空作业平台安全技术管理

1. 高空作业平台日常使用注意事项

(1) 严格执行日常维护与保养制度。

(2) 使用前按规定进行全面检查，并严格履行书面签字手续。

(3) 上机前按规定佩带安全防护用品。

(4) 操作时遵章守纪，精神集中。

(5) 作业结束后，按规程做好收工工作。

2. 高空作业平台作业现场安全管理

(1) 高空作业平台进入施工现场时必须办理交接手续，无相关资质的或不合格的高空作业平台不准进场。

(2) 施工现场必须指定专职安全员负责高空作业平台的安全管理工作，及时纠正和制止违章操作。

(3) 必须由具有资质的高空作业平台专业维修安装人员，指导高空作业平台的安装、移位和拆卸工作。

(4) 安装或移位后的高空作业平台，必须经过相关人员检查验收并履行签字手续后，方可投入使用。

(5) 高空作业平台的操作人员必须经过严格的安全教育，并且持证上岗。

(6) 专业维修安装人员须严格执行巡检制度，防微杜渐，及时排除设备故障和事故隐患。

(7) 严格执行三级维护与保养制度，使高空作业平台设备始终处于良好的安全技术状态。

5.4.6 高空作业平台规范化管理与安全使用

使用高空作业平台的企业和高空作业平台租赁企业应建立健全下列规章制度：

(1)《施工安全岗位责任制》；

(2)《高空作业平台质量安全控制制度》；

(3)《施工人员安全教育与考核制度》；

(4)《施工人员劳动防护用品发放与穿戴规定》；

(5)《高空作业平台安全技术资料档案管理制度》；

(6)《高空作业平台安装、拆卸、维修安全技术规程》;
(7)《高空作业平台维护、保养及检修制度》;
(8)《高空作业平台安装、拆卸、维修质量与安全检查、考核、管理制度》;
(9)《高空作业平台紧急情况下的应急预案》;
(10)《高空作业平台安全事故应急救援预案》。

5.4.7 高空作业平台维修保养与要求

1. 高空作业平台维修保养分级

高空作业平台的维修保养执行三级制度，即：日常保养(一级保养)，定期检修(二级保养)，定期大修(三级保养)。

1) 高空作业平台日常保养(一级保养)

(1) 责任人：使用高空作业平台的操作者。

(2) 保养周期：每班进行一次。

(3) 内容：按本书“高空作业平台的日常维护与保养”介绍的内容，重点进行清洁、紧固和润滑等工作。

(4) 要求：

① 每班作业前，操作人员按《高空作业平台日常检查表》的内容逐项进行认真仔细的检查。

② 在检查中发现问题应及时解决。需要专业维修人员修理或排除的故障，应及时上报主管领导，不得带着隐患冒险作业。

③ 检查后，由操作人员如实填写《高空作业平台日常检查表》。

④ 操作人员签字，交主管领导或负责人审查签字确认后，方可上机操作。

⑤ 每班结束作业后，应拉闸断电，然后按“高空作业平台的日常维护与保养”的内容进行保养。

⑥ 对平台、安全装置和电控箱进行妥善遮盖，避免雨水、杂物等侵入机体。

⑦ 由操作者填写《高空作业平台的日常维护与保养记录》。

2) 高空作业平台定期检修(二级保养)

(1) 责任人：专业维修人员。

(2) 检修周期：

① 连续施工作业的高空作业平台，视其作业频繁程度，1～2 月进行一次定期检修。每天双班作业的每月一次，单班作业的每两月一次。

② 间断施工作业的高空作业平台，累计作业 300h 进行一次定期检修。

③ 完成项目拆卸后，对各总成进行一次定期检修。

④ 停用一个月以上，再次使用前进行一次定期检修。

(3) 检修内容：按本书“高空作业平台定期检修”介绍的内容，进行调整和润滑等工作。

(4) 要求：各部件状态与性能完好，满足正常与安全使用要求。

3) 高空作业平台定期大修(三级保养)

责任人：具备大修条件的高空作业平台专业制造厂。

(1) 检修周期：

① 使用期满 1 年；

② 累计工作满 300 个台班；

③ 累计工作满 2000h；

④ 满足上述条件之一者，应进行大修。

(2) 大修内容：按本书“高空作业平台定期大修”介绍的内容，进行全面的检查、测量、调整、换油、换件、修复和防腐等工作。

(3) 要求：各部件状态与性能完好，整机恢复到符合大修合格出厂检验的要求。

5.5 高空作业平台典型事故案例分析

5.5.1 支腿未调平造成的伤亡事故

1. 事故简介

2009 年，在安徽省某会展中心，上演了惊险的一幕，由于升降台突然失去平衡，两名站在上面的工人瞬间摔了下来。会展中心 A 座大屏幕旁(图 5-7)，一个倒下的升降台正压在另一个还未展开的升降台上，前者部分支架部位变形扭曲。

图 5-7 高空作业平台倾覆现场

2. 事故直接原因分析

(1) 支腿没有调平，或者以轮子作为地面支撑点，支腿根本没有起作用，导致稳定力矩减少，倾翻力矩加大，在整机重心位移和操作力综合作用下，倾翻力矩大于稳定力矩，整机发生倾覆。

(2) 操作人员在拆大屏幕时纵向操作力过大，超过了高空作业平台许用的水平操作力。

(3) 支腿强度不足，使用中受力而失效。

(4) 高空作业设备正常投入使用后，未按要求进行必要的维护和保养，高空作业设备产权单位未按要求进行必要的年检。

3. 从中吸取的经验教训

本事故是高空作业从业人员使用高空作业平台不当造成的，直接原因是使用设备时，支腿没有调平，以轮子作为地面支撑点，支腿根本没有起作用，导致稳定力矩减少，倾翻力矩加大，在整机重心位移和操作力综合作用下，倾翻力矩大于稳定力矩，整机发生倾覆。也反映出设备管理部门对幕墙操作人员培训和交底不到位，对本设备的使用规程未掌握，因此，作为第三方要使用高空作业平台时，设备管理部门一定要做好操作人员的培训和技术交底，对设备的使用进行全程的监督和管理。

(1) 高空作业设备使用前一定要按使用说明书的要求进行检查，发现异常立刻通报管理部门或设备生产企业进行维修处理。

(2) 高空作业设备正常投入使用后，设备管理部门必须建立相应的设备管理制度和维修保养制度，并按要求进行必要的维护和保养。

(3) 高空作业设备产权单位要按照国家或地方政府及说明书的要求请有资质的检验单位对高空作业设备进行必要的年检，年检合格后方可投入正常使用。

5.5.2 使用前不检查导致的平台坠落事故

1. 事故简介

2000年，沿海地区某公路收费站购进一台高空作业平台，收费站的一侧靠近河边，由于需要对收费站的设施靠河边一侧进行高空作业，用该台设备进行登高作业时，突然向河道方向偏斜，高空作业人员来不及逃避，结果连人带设备倾倒在河道，幸好河水较浅，未造成人员伤亡。事故发生后对现场进行查看，发现岸边地面根本不具备作业条件，土质疏松且存在斜坡。

2. 事故直接原因分析

使用前没有认真检查地面条件、盲目使用，使用中，操作人员粗心大意，以侥幸心理进行作业，导致事故的发生，尽管没有造成人员伤害，但该高空作业平台设备受到严重损伤，在经济方面受到了一定的损失。

3. 从中吸取的经验教训

(1) 高空作业设备在使用前一定要按使用说明书的要求对地面环境进行检查。

(2) 设备管理部门在从业人员上岗前必须进行岗前培训，对设备的使用进行全程的监督和管理。

5.5.3 超载使用、安全管理不到位导致的事故

1. 事故简介

某公司车间在更换安装一台捯链过程中发生了一起人员伤亡事故。当时，要更换捯链的桥吊离地面有9m高，操作中使用一台新购进的液压升降平台。登高作业前，操作工人对液压升降平台进行了三次升降空载运行，分别在操控箱按钮上进行了操纵试运行，用遥控器也进行了操控试运行，在确认液压升降平台运行正常后，两名工人登上升降平台，由其中一名工人用遥控器负责升降操控，捯链一起放在液压升降平台上，地面上另外留有一名工人配合作业。当升降平台升到距离桥吊大约2m时，遥控操纵失灵，致使液压升降台

一直上升，触碰到桥吊，捯链失稳发生倾斜，将一名工人压在平台栏杆上。在地面人员操纵按下停止键后，平台上升停止。后受压工人示意下降，地面人员继续操纵平台下降。在平台下降到地面约 1.5m 处时，发生平台栏杆锁扣断裂，捯链和工人翻下平台，捯链压中工人头部，造成死亡事故。

2. 事故直接原因分析

(1) 液压平台空中遥控失灵，导致平台上的捯链碰撞桥吊失稳，将工人靠压在安全栏杆上，使栏杆处在水平受力状态，当栏杆受力超过强度值时，构件损坏，人员和捯链坠落，人员被捯链砸中头部而死亡。

(2) 捯链的自重为 0.5t，两个工人的体重为 0.12t，合计 0.62t，液压升降平台提升的额载为 0.495t，属于超载工作，存在违规使用和冒险作业。

3. 从中吸取的经验教训

(1) 生产现场遥控失灵时，未能立即进行紧急停止的操作。

(2) 使用中出现危险状态后，未能采取有效的应急处理，如采取捯链扶正、采用其他设备将捯链从工作平台卸除后再下降平台等安全措施，而是错误地选择下降操作。殊不知对于升降工作平台说，承载情况下下降与上升同样存在危险。所酿成的悲剧说明了既缺少必要的应急处理预案，在现场又没有有力、正确的指挥。

(3) 操作人员缺乏必要的安全使用设备的知识，不熟悉该设备的安全操作规程，没有很好地掌握安全操作必要的技能，安全意识淡薄。

(4) 设备配置遥控器作为控制装置，其合理性存在一定的问题。

5.5.4 操作不当导致的设备倾翻事故

1. 案例一

1) 事故简介

2009 年，西南地区某酒店的大堂需要登高进行维修作业，需要维修的大堂顶部高度不同，维修工程外包给一个施工队，该施工队借用酒店的一台高空作业平台，该设备的类型是采用支腿作业的高空作业平台。维修中，作业人员在对一处较高的顶部作业完成后，没有下降到地面、收起支腿、移位，而是在升起状态下，将支腿松开让地面人员推行移动整机，由于地面人员推行施力过大，使移动中的高空作业平台的顶部碰撞大堂的较低的顶部，导致高空作业平台瞬间倾倒，人员从高空坠落至地面造成重伤。

2) 事故直接原因分析

高空作业设备使用过程中未按操作要求进行，而是强行操作，致使高空作业平台的顶部碰撞大堂的较低的顶部，导致高空作业平台瞬间倾倒，人员从高空坠落至地面造成重伤，导致事故发生。

3) 从中吸取的经验教训

(1) 施工队借用设备，操作人员应当接受岗前培训及高空作业平台使用知识的培训。

(2) 应在酒店设备管理部门全程陪同指导下进行高空作业。

(3) 酒店方一借了之，放任施工队使用，违反了“操作人员必须经过培训”的安全规则，导致事故发生。

2. 案例二

1) 事故简介

2006年东南沿海城市的某酒店在台风即将来临之际安排人员(也同样是由施工队外包完成)对大楼大门口边墙上的招牌进行加固，作业地点的地面是坡道，周边停满汽车。作业时采用高空作业平台，作业人员认为工作平台不需要升起很大的高度，于是将高空作业平台停在坡道上，没有正确地调平就起升平台，当平台升起即将到达高度时，在一阵阵风作用下，高空作业平台随即向一侧倾倒，并砸到停在路边的三辆高档轿车，使车辆受到严重损伤，高空作业人员也受了重伤。

2) 事故直接原因分析

高空作业平台支腿未调平就直接作业，导致平台升起即将到达高度时，在一阵阵风作用下，高空作业平台随即向一侧倾倒，并砸到停在路边的三辆高档轿车，使车辆受到严重损伤，高空作业人员也受了重伤。

3) 从中吸取的经验教训

(1) 高空作业平台设备使用前一定按要按使用说明书的要求进行检查和试验，发现异常要及时更正。

(2) 高空作业平台设计配置的安全装置不是可有可无的，诸如支腿等安全部件，操作使用中必须正确使用；操作标准不是随意可以确定的，而应该任何时候都必须严格执行，不折不扣，千万不能疏忽大意。然而施工队连起码的安全意识也没有，以人的生命为代价追求所谓的工期、效率，结果是人的生命受到威胁，造成十分恶劣的影响。

参 考 文 献

[1] 上海市安全生产科学研究所. 高处作业分级 GB/T 3608—2008 [S]. 北京：中国标准出版社，2009.

[2] 上海市建筑施工技术研究所. 建筑施工高处作业安全技术规范 JGJ 80—1991 [S]. 北京：中国计划出版社，1993.

[3] 中国建筑科学研究院建筑机械化分院. 高处作业吊篮 GB 19155—2003 [S]. 北京：中国标准出版社，2003.

[4] 中国建筑科学研究院建筑机械化分院. 擦窗机 GB 19154—2003 [S]. 北京：中国标准出版社，2003.

[5] 中国建筑科学研究院. 擦窗机安装工程质量验收规程 JGJ 150—2008 [S]. 北京：中国建筑工业出版社，2008.

[6] 中国建筑科学研究院. 建筑物清洗维护质量要求 GB/T 25030—2010 [S]. 北京：中国标准出版社，2010.

[7] 北京建筑机械化研究院. 高空作业车 GB/T 9465—2008 [S]. 北京：中国标准出版社，2008.

[8] 北京建筑工程研究院. 高空作业机械安全规则 JG 5099—1998 [S]. 北京：中国建筑工业出版社，1998.

[9] 中国建筑科学研究院建筑机械化分院. 剪叉式高空作业平台 JG/T 5100—1998 [S]. 北京：中国建筑工业出版社，1998.

[10] 中国建筑科学研究院建筑机械化分院. 臂架式高空作业平台 JG/T 5101—1998 [S]. 北京：中国建筑工业出版社，1998.

[11] 中国建筑科学研究院建筑机械化分院. 套筒油缸式高空作业平台 JG/T 5102—1998 [S]. 北京：中国建筑工业出版社，1998.

[12] 中国建筑科学研究院建筑机械化分院. 桅柱式高空作业平台 JG/T 5103—1998 [S]. 北京：中国建筑工业出版社，1998.

[13] 中国建筑科学研究院建筑机械化分院. 桁架式高空作业平台 JG/T 5104—1998 [S]. 北京：中国建筑工业出版社，1998.

[14] 甘肃省建筑工程总公司. 建筑机械使用安全技术规程 JGJ 33—2001 [S]. 北京：中国建筑工业出版社，2001.

[15] 中国建筑业协会机械管理与租赁分会. 施工现场机械设备检查技术规程 JGJ 160—2008 [S]. 北京：中国建筑工业出版社，2008.

[16] 北京市电力公司. 北京市电力公司特种作业车辆管理规定 [S]，2007.

[17] 辽宁省电力公司. 辽宁省电力公司高空作业车检验规程 [S]，2008.

[18] 张秀伟. 高空作业车的安全控制 [J]. 建筑机械化，2009(12).

[19] 张秀伟. 从安全事故看高空作业车的设计、制造、选型和使用 [J]. 城市照明，2009(4).

[20] 李德明. 高处作业(江苏省特种作业人员安全技术培训考核系列教材) [M]. 南京：东南大学出版社，2006.

[21] 王志来. 高处作业安全防护技术 [M]. 北京：中国劳动社会保障出版社，2009.

[22] 余虹云，李瑞瑞. 电力高处作业防坠落技术［M］. 北京：中国电力出版社，2008.
[23] 机械工业时代传播音像. 建筑施工高处作业安全技术(附配套盘)［M］. 修订版. 北京：机械工业出版社，2004.
[24] 高处作业吊篮安装拆卸工(建筑施工特种作业人员安全技术考核培训教材)［M］. 北京：中国建筑工业出版社，2010.